Environmental

应该保护地球的

生态资源

吴波◎编著

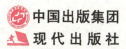

中国出版集团

现代出版社

图书在版编目（CIP）数据

应该保护地球的生态资源／吴波编著．—北京：
现代出版社，2012.12（2024.12重印）
　（环境保护生活伴我行）
ISBN 978 - 7 - 5143 - 0962 - 1

Ⅰ．①应… Ⅱ．①吴… Ⅲ．①生态环境 - 环境保护 -
青年读物②生态环境 - 环境保护 - 少年读物③自然资源保
护 - 青年读物④自然资源保护 - 少年读物
Ⅳ．①X171 - 49②X37 - 49

中国版本图书馆 CIP 数据核字（2012）第 275455 号

应该保护地球的生态资源

编　著	吴　波
责任编辑	张　晶
出版发行	现代出版社
地　址	北京市朝阳区安外安华里 504 号
邮政编码	100011
电　话	010 - 64267325　010 - 64245264（兼传真）
网　址	www. xdcbs. com
电子信箱	xiandai@ cnpitc. com. cn
印　刷	唐山富达印务有限公司
开　本	710mm×1000mm　1/16
印　张	12
版　次	2013 年 1 月第 1 版　2024 年 12 月第 4 次印刷
书　号	ISBN 978 - 7 - 5143 - 0962 - 1
定　价	57. 00 元

前　言

在人类生态系统中，一切被生物和人类的生存、繁衍和发展所利用的物质、能量、信息、时间和空间，都可以视为生物和人类的生态资源。

地球上的生态资源包括水资源、土地资源、森林资源、生物资源、气候资源、海洋资源等。

水是人类及一切生物赖以生存的必不可少的重要物质，是工农业生产、经济发展和环境改善不可替代的极为宝贵的自然资源。

土地资源指目前或可预见到的将来，可供农、林、牧业或其他各业利用的土地，是人类生存的基本资料和劳动对象。

森林资源是地球上最重要的资源之一，它享有太多的美称：人类文化的摇篮、大自然的装饰美化师、野生动植物的天堂、绿色宝库、天然氧气制造厂、绿色的银行、天然的调节器、煤炭的鼻祖、天然的储水池、防风的长城、天然的吸尘器、城市的肺脏、自然界的防疫员、天然的隔音墙，等等。

生物资源是指生物圈中对人类具有一定经济价值的动物、植物、微生物有机体以及由它们所组成的生物群落。它包括基因、物种以及生态系统三个层次，对人类具有一定的现实和潜在价值，它们是地球上生物多样性的物质体现。

气候资源是指能为人类经济活动所利用的光能、热量、水分与风能等，是一种可利用的再生资源。它取之不尽又是不可替代的，可以为人类的物质财富生产过程提供原材料和能源。

海洋是生命的摇篮，海洋资源是与海水水体及海底、海面本身有着直接关系的物质和能量。包括海水中生存的生物，溶解于海水中的化学元素，海水波浪、潮汐及海流所产生的能量、贮存的热量，滨海、大陆架及深海海底所蕴藏的矿产资源，以及海水所形成的压力差、浓度差等。

人类可利用资源又可分为可再生资源和不可再生资源。可再生资源是指被人类开发利用一次后，在一定时间（一年内或数十年内）通过天然或人工活动可以循环地自然生成、生长、繁衍，有的还可不断增加储量的物质资源，它包括地表水、土壤、植物、动物、水生生物、微生物、森林、草原、空气、阳光（太阳能）、气候资源和海洋资源等。但其中的动物、植物、水生生物、微生物的生长和繁衍受人类造成的环境影响的制约。不可再生资源是指被人类开发利用一次后，在相当长的时间（千百万年以内）不可自然形成或产生的物质资源，它包括自然界的各种金属矿物、非金属矿物、岩石、固体燃料（煤炭、石煤、泥炭）、液体燃料（石油）、气体燃料（天然气）等，甚至包括地下的矿泉水，因为它是雨水渗入地下深处，经过几十年，甚至几百年与矿物接触反应后的产物。

地球孕育了人类，人类不断利用和消耗各种资源，随着人口不断增加和工业发展，地球对人类的负载变得越来越沉重。因此增强人们善待地球、保护资源的意识，并要求全人类积极投身于保护资源的行动中刻不容缓。

保护资源就是保护我们自己，破坏浪费资源就是自掘坟墓。保护资源随时随地可行，从节约一滴水、少用一个塑料袋开始……

目　录

地球上的不可再生资源

生态、环境与资源

SHENGTAI HUANJING YU ZIYUAN

生态是指生物之间和生物与周围环境之间的相互联系、相互作用。

环境分为自然环境、人工环境和社会环境。其中自然环境，通俗地说，是指未经过人的加工改造而天然存在的环境。自然环境按环境要素，可分为大气环境、水环境、土壤环境、地质环境和生物环境等。当代环境科学是研究环境及其与人类的相互关系的综合性科学。生态与环境虽然是两个相对独立的概念，但两者又紧密联系，因而出现了"生态环境"这个新概念。

生态环境是指影响人类生存与发展的水资源、土地资源、生物资源以及气候资源数量与质量的总称，是关系到社会和经济持续发展的复合生态系统。

资源是指一国或一定地区内拥有的物力、财力、人力等各种物质要素的总称。分为自然资源和社会资源两大类。前者如阳光、空气、风、水、土地、森林、草原、动物、矿藏等；后者包括人力资源、信息资源以及经过劳动创造的各种物质财富。

总之，生态资源是能维护自然环境生态功能的物质、能量和信息等的统称。在人类生态系统中，一切被生物和人类的生存、繁衍和发展所利用的物质、能量、信息、时间和空间，都可以视为生物和人类的生态资源。

何谓生态系统

在自然界，生物的存在与环境（主要指阳光、温度、水分、空气、土壤等，也包括其他生物）发生着密切的关系。生物在其生活过程中，总要从环境中取得生活所必需的能量与物质以建造自身，同时，也要不断地排出某些物质归还到环境中去。

例如，绿色植物利用阳光把二氧化碳、水和矿物质营养元素合成有机物质建造自身，同时也为草食动物提供食物。草食动物又成为肉食动物的食物来源。这些动植物的残体和排泄物又可以使土壤微生物得到其生命活动所需要的物质和能量。绿色植物通过光合作用可以释放氧气，动植物和微生物的呼吸作用又产生二氧化碳、水和简单的营养物质，这些气体和营养物质又可回归于环境。在自然界中生物与生物、生物与环境存在着广泛的联系，它们之间通过不断地进行能量转换、物质循环和信息传递，构成一个有机整体。

生态系统是指一定地域（或空间）内生存的所有生物和环境相互作用的、具有能量转换、物质循环代谢和信息传递功能的统一体。例如，森林就是一个具有统一功能的综合体。在森林中，有乔木、灌木、草本植物、地被植物，还有多种多样的动物和微生物，加上阳光、空气、温度等自然条件，它们之间相互作用。这样由许多的物种（生物群落）和环境组成的森林就是一个实实在在的生态系统。草原、湖泊、农田等都是这样。

生态系统这一概念是由英国植物群落学家坦斯利首先提出的，其基本点在于强调系统中各成员之间（生物与生物、生物与环境及环境各要素之间）功能上的统一性。因此，生态系统主要是功能单位，而不是生物学中分类的单位。

生态系统的范围可大可小，大至整个生物圈、整个海洋、整个大陆；小至一个池塘、一片农田，都可作为一个独立的系统或作为一个子系统，任何一个子系统都可以和周围环境组成一个更大的系统，成为较高一级系统的组成部分。

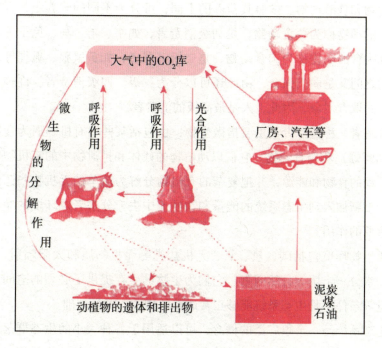

生态系统的物质循环

任何一个生态系统，都由生物和非生物环境两大部分组成。生物部分按照营养方式和在系统中所起的作用不同，又可分为生产者、消费者和分解者，这三者构成生物群落。因此，一个生态系统应包括生产者、消费者、分解者以及非生物环境等四类成分。

生产者主要是指能制造有机物质的绿色植物和少数自养生活菌类。绿色植物在阳光的作用下可以进行光合作用，将无机环境中的二氧化碳、水和矿物元素合成有机物质；在合成有机物质的同时，把太阳能转变成为化学能并贮存在有机物质中。这些有机物质是生态系统中其他生物生命活动的食物和能源。生产者是生态系统中营养结构的基础。决定着生态系统中生产力的高低，是生态系统中最主要的组成部分。

消费者是指直接或间接利用绿色植物所制造的有机物质作为食物和能源的异养生物，主要是指各种动物，包括人类本身，也包括寄生和腐生的细菌类。根据食性的不同或取食的先后可分为草食动物、肉食动物、寄生动物、食腐动物和食渣动物。按照其营养的不同，可分为不同的营养级，直接以植物为食的动物称为草食动物，是初级消费者，如牛、羊、马、兔子等；以草食动物为食的动物称为肉食动物，是二级消费者，如黄鼠狼、狐狸等；而肉食动物之间又是弱肉强食，由此还可以分为三级、四级消费者。许多动植物都是人的取食对象，因此，人是最高级的消费者。

分解者又称还原者，主要指微生物，也包括某些以有机碎屑为食物的动物（如蚯蚓）和腐食动物。它们以动植物的残体和排泄物中的有机物质作为生命活动的食物和能源，并把复杂的有机物分解为简单的无机物归还给无机环境，重新加入到生态系统的能量和物质流中去。分解者对环境的净化起着十分重要的作用。

非生物环境包括碳、氢、氧、无机盐类等无机物质和太阳辐射、空气、温度、水分、土壤等自然因素。它们为生物的生存提供了必须的空间、物质和能量等条件，是生态系统能够正常运转的物质、能量基础。

生态系统是一个很广泛的概念，可以适用于各种大小的生态群落及其环境。怎样划分生态系统的类型，目前尚无统一的和完整的分类原则。根据生态系统形成的原动力和影响力，可分为自然生态系统、半自然生态系统和人工生态系统三类。

自然生态系统是依靠生物和环境自身的调节能力来维持相对稳定的生态系统，如原始森林等。人工生态系统是受人类活动强烈干预的生态系统，如城市、工厂等。介于两者之间的生态系统，为半自然生态系统，如天然放牧的草原、人工森林、农田、湖泊等。生态系统的类型还可以根据环境性质加以分类，可划分为陆地生态系统和水生生态系统。

由于地球表面生态环境极为复杂，具有不同的地形、地貌和气候等，因而形成了各种各样的生态环境。根据植被类型和地貌的不同，陆地生态系统又可分为森林生态系统、草原生态系统、荒漠生态系统等。

水生生态系统按水体理化性质不同可以分为淡水生态系统和海洋生态系统。生态系统具有如下一些基本特征：

（1）开放性。生态系统是一个不断同外界环境进行物质和能量交换的开放系统。在生态系统中，能量是单向流动，即从绿色植物接收太阳光开始，到生产者、消费者、分解者以各种形式的热能消耗、散失为止，不能再被利用形成循环。维持生命活动所需的各种物质，如碳、氧、氮、磷等元素，以矿物形式先进入植物体内，然后以有机物的形式从一个营养级传递到另一个营养级，最后有机物经微生物分解为矿物元素而重新释放到环境中并被生物的再次循环利用。生态系统的有序性和特定功能的产生，是与这种开放性分不开的。

（2）运动性。生态系统是一个有机统一体，总是处于不断运动之中。在相互适应调节状态下，生态系统呈现出一种有节奏的相对稳定状态，并对外界环境条件的变化表现出一定的弹性。这种稳定状态，即是生态的平衡。在相对稳定阶段，生态系统中的运动（能量流动和物质循环）对其性质不会发生影响。因此，所谓平衡实际是动态平衡，也就是这种随着时间的推移和条件的变化而呈现出的一种富有弹性的相对稳定的运动过程。

（3）自我调节性。生态系统作为一个有机的整体，在不断与外界进行能量和物质交换过程中，通过自身的运动而不断调整其内在的组成和结构，并表现出一种自我调节的能力，以不断增强对外界条件变化的适应性、忍耐性而维持系统的动态平衡。当外界条件变化太大或系统内部结构发生严重破损时，生态系统的这种自我调节功能才会下降或丧失，以致造成生态平衡的破坏。当前，环境问题的严重性就在于破坏了全球或区域生态系统的这种自我适应、自我调节功能。

（4）相关性与演化性。任何一个生态系统，虽然有自身的结构和功能，但又同周围的其他生态系统有着广泛的联系和交流，很难截然分开，由此表现出一种系统间的相关性。对于一个具体的生态系统而言，总是随着一定的内外条件的变化而不断地自我更新、发展和演化，表现出一种产生、发展、消亡的历史过程，呈现出一定的周期性。

知识点

光合作用

　　光合作用是绿色植物和藻类利用叶绿素等光合色素和某些细菌（如带紫膜的嗜盐古菌）利用其细胞本身，在可见光的照射下，将二氧化碳和水（细菌为硫化氢和水）转化为有机物，并释放出氧气（细菌释放氢气）的生化过程。植物之所以被称为食物链的生产者，是因为它们能够通过光合作用利用无机物生产有机物并且贮存能量。通过食用，食物链的消费者可以吸收到植物及细菌所贮存的能量，效率为10% ~ 20%。对于生物界的几乎所有生物来说，这个过程是它们赖以生存的关键。而地球上的碳氧循环，光合作用是必不可少的。

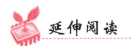
延伸阅读

碳循环

　　碳也是构成生物体的主要元素，它以二氧化碳的形式贮存于大气中。植物借光合作用吸收空气中的二氧化碳制成糖类等有机物质而释放出氧气，供动物呼吸作用。

　　同时，植物和动物又通过呼吸作用吸入氧气而放出二氧化碳重返空气中。此外，动物的遗体经微生物分解破坏，最后也氧化变成二氧化碳、水和其他无机盐类。矿物燃料如煤、石油、天然气等也是地质史上生物遗体所形成的。当它们被人类燃烧时，耗去空气中的氧而释放出二氧化碳。最后，空气中的二氧化碳有很大一部分为海水所吸收，逐渐转变为碳酸盐沉积海底，形成新岩石；或通过水生生物的贝壳和骨骼移到陆地。这些碳酸盐又从空气中吸收二氧化碳成为碳酸氢盐而溶于水中，最后也归入海洋。其他如火山爆发和森林大火等自然现象也会使碳元素变成二氧化碳回到大气中。

　　不过，由于工业的高速发展，人类大量耗用化石燃料，使空气中二氧化碳的浓度不断增加，对世界的气候发生影响，对人类造成危害。

生态系统的平衡与失调

生态系统的平衡

　　生态系统平衡是指在一定时间内生态系统中的生物和环境之间，生物各个种群之间，通过能量流动、物质循环和信息传递而连结，形成一个相互依赖、相互制约、环环紧扣、相生相克的网络状复杂关系的统一体。生物在能流、物流和信息流的各个环节上都起着深远的作用，无论哪个环节出了问题，都会发生连锁反应，致使能流、物流和信息流受阻或中断，破坏生态的稳定性。

　　在生态系统中，生物与生物、生物与环境以及环境各要素之间，不停地进行着能量流动和物质循环。生态系统不断地在发展和进化，生物量由少到多，食物链由简单到复杂，群落由一种类型演替为另一种类型等，环境也在不断地变化。

　　因此，生态系统不是静止的，总会因系统中某一部分发生改变，引起不平衡，然后依靠生态系统的自我调节能力，使其进入新的平衡状态。正是这种从平衡到不平衡，从不平衡到平衡，这样反反复复，才推动了生态系统整体和各组成成分的发展与变化。

　　需要指出的是，自然界的生态平衡对人类来说不总是有利的，我们所需要的"生态平衡"是有利于人类的平衡。尽管有些自然生态系统达到了"生态平衡"，但它的净生产量都很低，不能满足人类的要求和需要。因而，人类为了生存、发展，就要建立起各种各样的半人工生态系统和人工生态系统。与自然生态系统相比较，半人工的草原生态系统和人工生态系统，都是很不稳定的。它们的平衡和稳定需要靠人类来维持，但它们却能给人类提供更多的农畜产品。

生态平衡设计图

然而，自然界原有的生态平衡系统也是人类所需要的，一方面是改善环境和美化环境；另一方面则是保护珍贵动植物物种资源和科学研究的需要。从满足人类多方面的需要来看，生态平衡不只是某一个系统的稳定与平衡，还意味着多种生态系统类型的配合与协调。

生态系统的平衡首先是动态的、发展的，其主要标志是：

（1）在生态系统中能量和物质的输入、输出必须相对平衡。输出多、输入也相应增多，否则能量和物质入不敷出，系统就会衰退。对于以获取不断增加生产量为目标的系统或处于发展中的生态系统，能量和物质的输入应大于输出，生态系统才能有物质和能量的积累。人类从不同的生态系统中获取能量和物质，应相应给予补偿，只有这样，才能使环境资源保持永续的再生能力。

（2）从整体看，生产者、消费者、分解者应构成完整的营养结构。对于自然界一个完整的生态平衡系统来说，生产者、消费者、分解者是缺一不可的。没有生产者，消费者和分解者就得不到食物来源，系统就会崩溃；消费者与生产者在长期共同发展的过程中，已经形成了依存的关系，消费者是生态系统中能量转换和物质循环的连锁环节，没有消费者的生态系统是一个不稳定的系统，最终会导致该系统的衰退，甚至瓦解；分解者将有机物分解为简单的无机物，使之回归环境或进入再循环，如果没有分解者，物质循环就不能进行下去。同时，分解者还起到了净化环境的作用。

（3）生物种类和数目要保持相对稳定。生物之间是通过食物链维持着自然协调关系，控制着物种间的数量和比例的。如果人类破坏了这种协调关系，就会使某些物种明显减少，而另一些物种却大量滋生，带来危害。人类通过捕猎、毁林开荒和环境污染等等，使许多有价值的生物种类锐减或灭绝。生物种类的减少不仅失去了宝贵的动、植物资源，而且还削弱了生态系统的稳定性。

应该指出，自然界物种不能任其自然存在和消亡，应该增加对人类有利的物种，减少对人类有害的物种。对于濒危物种应积极拯救，大力保护。例如，消灭老鼠、蚊、蝇和一些有害的寄生虫等以防治疾病的传播和发生；通过人工选育，创造新的品种或物种，以提高生物的繁殖等。这些是人类改造自然积极而有意义的措施。

上述标志包括了生态系统中的结构和功能的协调与平衡，能量和物质输出与输入数量上的平衡。

一个开放系统，在远离平衡的条件下，由于从外部输入能量，由原来无序混乱的状态转变为一种在时间、空间和功能上有序的状态，这种有序状态需要不断地与外界进行物质和能量交换来维持，并保持一定的稳定性，不因外界的微小干扰而消失。比利时科学家普里高津把这样的有序结构称为耗散结构。生态系统就是具有耗散结构的开放系统，物质和能量从系统外输入，也从系统内向外输出。只要不断有物质和能量输入与输出，便可以维持一种稳定状态。

生态平衡的破坏

影响生态平衡的因素是十分复杂的，是各种因素的综合效应。一般将这些因素分为自然原因和人为因素。自然原因主要指自然界发生的异常变化。人为的因素主要指人类对自然资源的不合理开发利用，以及当代工农业生产的发展所带来的环境问题等。如工业化的兴起，人类过高地追求经济增长，掠夺式地开发土地、森林、矿产、水资源、能源等自然资源；同时，工业"三废"中有毒、有害物质大量的排放，超出了自然生态系统固有的自我调节、自我修补、自我平衡能力和生长力极限，致使全球性自然生态平衡遭到严重破坏。

人类对生态平衡的破坏主要包括以下三种情况：

1. 物种改变造成生态平衡的破坏

人类在改造自然的过程中，往往为了一时的利益，采取一些短期行为，

使生态系统中某一种物种消失或盲目向某一地区引进某一生物，结果造成整个生态系统的破坏。例如，澳大利亚本没有兔子，后来从欧洲引进以作肉用并生产皮毛。引进后，由于没有天敌，在短时间内大量繁殖，以致草皮、树木被啃光，达到一种"谈兔色变"的地步。虽耗大量人力、物力捕杀但收效甚微，最后，引进了一种病菌，才控制了这场危机。我国20世纪50年代大量捕杀麻雀，造成了某些地区虫害严重等。在日常生活中，人们乱捕滥杀，收割式地砍伐森林，长此以往，势必造成某些物种减少甚至灭绝，从而导致整个生态系统平衡的破坏。

2. 环境因素改变导致生态平衡的破坏

这主要是指环境中某些成分的变化导致失调。随着当代工业生产的迅速发展和农业生产的不断进步，大量的污染物进入环境。这些有毒有害的物质一方面会毒害甚至毁灭某些种群，导致食物链断裂，破坏系统内部的物质循环和能量流动，使生态系统的功能减弱以至丧失；另一方面则会改变生态系统的环境因素。例如，随着化学、金属冶炼等工业的发展，排放出大量二氧化硫、二氧化碳、氮氧化物、碳氢化合物、氧化物以及烟尘等有害物质，造成大气、水体的严重污染；由于制冷剂漏入环境中引起臭氧层变薄；除草剂、杀虫剂和化学肥料的使用，导致了土质的恶化等。这些环境因素的变化，都有可能改变生产者、消费者和分解者的种类和数量，从而破坏生态系统的平衡。

3. 信息系统的改变引起生态平衡的破坏

信息传递是生态系统的基本功能之一。信息通道堵塞，正常信息传递受阻，就会引起生态系统的改变，破坏生态系统的平衡。生物都有释放出某种信息的本能，以驱赶天敌、排斥异种，取得直接或间接的联系以繁衍后代等等。例如，某些昆虫在交配时，雌性个体会产生一种体外激素——性激素，以引诱雄性昆虫与之交配。如果人类排放到环境中的某些污染物与这种性激素发生化学反应，使性激素失去了引诱雄性昆虫的作用，昆虫的繁殖就会受到影响，种群数量会下降，甚至消失。总之，只要污染物质破坏了生态系统中的信息系统，就会有因功能而引起结构改变的效应产生，从而破坏系统结构和整个生态的平衡。

当今全球性自然生态平衡的破坏，主要表现为森林面积大幅度减少，草原退化，土地沙漠化、盐碱化，水土流失严重，动植物资源锐减等。

人类与自然的协调发展

自然环境是生态存在和发展的前提条件。生物体通过与周围环境不断地进行物质和能量的交换，来维持自身的生长、发育和繁衍。因此，保护自然、恢复生态系统的平衡，保持人类与自然的协调发展，便成为当今人类面临的重要任务之一。

因为，人类只能以极少数的农作物和动物为食物来源，所以以人类为中心的生态系统结构简单。简单的食物网络极不稳定，容易发生大幅度波动。而人类又一味地向大自然超量索取，势必将进一步加剧自身赖以生存的生物圈的破坏。由此可知，遏制人类对自然资源的无限需求欲望，保持生态系统的平衡，实际上是保全人类自身。人类也只有在保持生态平衡的前提下，才能求得生存和发展。人类的一切活动都必须遵循自然规律，按照生态规律办事。

1. 合理开发和利用自然资源，保持生态平衡

开发自然资源必须以保持生态系统的生态平衡为前提。只要重视生态系统结构与功能相互协调的原则，就可以保持系统的生态平衡，同时又可以开发自然或改造环境。只有生态系统的结构与功能相互协调，才能使自然生态系统适应外界的变化、不断发展，也才能真正实现因地制宜，发挥当地自然资源的潜力。只有重视结构与功能的适应，才能避免因结构或功能的过度损害而导致环境退化的连锁反应。

在利用生物资源时，必须注意保持其一定的数量和一定的年龄及性别比例。这应该成为森林采伐、草原放牧、渔业捕捞等生产活动中必须遵循的一条生态原则，以保证生物资源不断增殖恢复。否则，就会不可避免地出现资源枯竭，使生态系统遭到破坏。

2. 改造自然、兴建大型工程项目，必须考虑生态效益

改造自然环境，兴建大型工程项目，必须从全局出发，既要考虑眼前利益，又须顾及长远影响；既要考虑经济效益，又要考虑生态平衡。生态平衡的破坏后果往往是全局性的、长期的、难以消除的。例如，兴修水利既要考虑水资源的利用，又要考虑由此引起的生态因素的变化。否则，一旦造成生态环境的恶化，后果将不堪设想。

埃及 20 世纪 70 年代初竣工的埃及阿斯旺大坝就是例证。该坝的建成在电力、灌溉、防涝等方面带来了有益的一面，然而却因破坏了尼罗河流域的生态平衡，引起了一系列未曾料想的严重后果。尼罗河发源于埃塞俄比亚，流经苏丹和埃及而入地中海，在埃及入海口形成肥沃的三角洲。千百年来，河水的定期泛滥，给三角洲带来了土壤养分，冲洗了盐分，又给地中海带去了营养成分，著名的沙丁鱼即产于此地。大坝建成之后，河水不再泛滥，土地缺少肥源，盐渍化威胁日益加重。同时地中海也因缺少养分来源，浮游生物减少，鱼类生产受到损失，沙丁鱼的产量由未建坝时即 1965 年的 1.5 万吨降到 1968 年的 500 吨。水库完工后的 1971 年几乎不产沙丁鱼了。此外，由于水库的修建，改变了当地的生态条件，使得血吸虫病和疟疾患者都增多了。

阿斯旺大坝虽然有利于埃及的工农业生产，但也使埃及付出了沉重的代价。我国也有类似的情况，如葛洲坝的建立，忽略了鱼、蟹等的回游生殖规律，后来经一些生态学家的建议采取人工投放鱼苗并辅以相应的其他措施，才保证了长江流域的渔业生产。因此，对于重大工程必须审慎从事，事前应充分论证，像三峡工程一样充分考虑到可能发生的生态平衡破坏的后果，并尽可能制定相应的预防措施。

3. 大力开展综合利用，实现自然生态平衡

在自然生态系统中，输入系统的物质可以通过物质循环反复利用。在经济建设中运用这个规律，可以综合开发利用自然资源，将生产过程中排出的"三废"物质资源化、能源化和无害化，减少对环境的冲击。总之，人类在改造自然的活动中，只要尊重自然，爱护自然，按自然规律办事，就一定能够保持或恢复生态平衡，实现人与自然的协调发展。

 知识点

血吸虫病

血吸虫病是一种人和动物都能受传染的寄生虫病。血吸虫的生活史比较复杂。成虫寄生在人、牛、猪或其他哺乳动物的肠系膜静脉和门静脉的血液中，因此人和这类动物被称为成虫宿主或终宿主。

血吸虫发育的不同阶段，尾蚴、童虫、成虫和虫卵均可对宿主引起不同的损害和复杂的免疫病理反应。由于各期致病因子的不同，宿主受累的组织、器官和机体反应性也有所不同，引起的病变和临床表现亦具有相应的特点和阶段性。

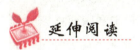 延伸阅读

"酸雨"的命名

酸雨，作为一个国际问题，自从1972年首先由瑞典在斯德哥尔摩召开的联合国人类环境会议上提出后，已成为一个重大的国际环境问题。世界上最早为"酸雨"命名的人是英国科学家R. 史密斯。1852年，史密斯分析了英国工业城市曼彻斯特附近的雨水，发现那里雨水中由于大气严重污染而含有硫酸、酸性硫酸盐、硫酸铵、碳酸铵等成分。他成了世界上第一个发现酸雨、研究酸雨的科学家，并由此开创了一门崭新的学科——化学气候学。史密斯对酸雨整整调查研究了20年，于1872年写了《空气和降雨：化学气候学的开端》一书。就是在这本书中，他第一次采用了"酸雨"这一术语。不过，由于当时世界上降酸雨的地方星星点点，并没有引起人们的重视。

直到史密斯发现酸雨的 40 年以后，一个名叫保罗·索伦森的科学家才进一步确证了酸雨的存在，并且提出了测量酸雨的方法。而酸雨问题真正受到全世界的关注，则是 20 世纪的事情。

环境是人类的朋友

今天，人类的环境正经历着历史上最迅速的变化，这种变化将导向何方？它的前景如何？人类怎样才能从人口、资源、环境、能源、粮食的困扰中解脱出来？

为了回答全世界人们普遍关心的这些问题，20 世纪 70 年代以来相继出现了各种理论，著名的有以美国麦道斯《增长的极限》为理论基础的"零增长论"；英国哥尔德·史密斯从人们的生态需求出发，认为改革后工业社会生态系统不能支撑经济持久增长的"平衡稳定的社会论"；英国舒梅克所强调的要重视人与自然关系的著名的"小型化经济论"；美国卡伦巴斯的生态乌邦经济的"人道主义社会论"；美国巴克莱和赛克勒"调整人类活动的物理、生物、经济和社会诸方面整体结构理论"；美国塞尼卡和陶西格以"稀缺的世界"为出发点的"补偿论"；英国科特奈尔的"过渡'缺短时代'的环境经济学"；美国弗赖依无限期保持较高生活水平、环境舒适并有"生态道德"的"理想生态社会的经济学"；美国卡恩用历史的方法推断科学技术和人类历史文化发展必然引向经济增长的"大过渡"理论；英国米香企图协调两者对立的现代主义与环境保护主义的空想的"分区制学说"；以及比米香二元论走得更远的返回自然的倒退主义、复古主义……

这些理论不完全属于人类生态学范围，有的作者也没有专门讨论人类环境的未来，但就其对人口、资源、环境与经济发展前景的总认识，基本上可以分为三种观点：悲观派、乐观派和现实派。悲观派的著名代表是"罗马俱乐部"，它创立于 1968 年，组成人员有世界 100 多位科学家、经济学家、教育家和企业家，他们的宗旨是探讨世界经济发展的未来趋势、人类社会的发展趋势；他们力图用科学方法来描绘未来世界的面貌，提出为了确保人类所希望的发展应该采取的措施；他们发表过一些具有国际影响的著作，最为轰动的是《增长的极限》。

爱护地球环境

根据他们的预测，如果世界在人口、工业化、污染、粮食生产以及资源使用等方面按照现在的增长率继续发展下去，那么到 20 世纪末，资源会开始下降，到 2050 年，资源会突然下降到很低的水平；而到 2040 年，环境污染会迅速发展到顶点，此后随着资源的枯竭和工农业的衰落而趋于和缓；世界人口大约要到 2050 年才会增长到最大值，那时的人口数将是几百亿。他们断言，要使世界系统避免最终的崩溃，唯一可行的办法是奉行零增长政策，以保持世界系统的稳定。他们警告说：地球好比一个种浮莲的水池，浮莲以每日增长 1 倍的速度繁殖着，30 天将覆满水池，使池中生物窒息。如果到第 29 天才进行收割，那时挽救水池就只剩下一天的机会了，而若置之不理，则将陷入无可挽回的境地。

与悲观派截然相反，乐观派认为，对于人类来说，事情进行得相当好，一切都将继续如此，地球的潜力和自然资源的潜力是无限的，即使说地球资源的潜力是有限的，那么也会被不久即将找到的地球以外的资源和领域所补充。属于乐观派的代表人物很多，如 H. 卡恩、A. 托夫勒、B. 默里、D. 贝尔等，他们都有专著来系统地阐述自己的未来观。他们认为，在能源方面，人类已着手于原子能的实际应用，太阳能、海洋能、生物能和沼能虽还处于试验阶段，但成功的前途是毋庸置疑的，能源危机是完全可以克服的；在生态环境方面，随着社会的发展、科学的进步，人类能够战胜现在和未来可能出现的一切障碍，并能创造美好的人工生态环境以保持生态平衡；至于环境污染，只要花不到 2% 的世界生产总值，用于反污染的措施上，就能彻底解决发展中产生的污染，环境就能保持清洁和良好；此外，遗传工程的广泛应用，尤其是无性繁殖将为人类提供丰富的口粮和副食品；人口的涨落和质量也将置于人类意志控制之下……

因此，他们对人类环境和人类社会的未来，持高度乐观的态度，并认为人类正在进入历史上最有创造性和扩展性的时代。

除了以上两派外，还有一些人自称为现实主义者，他们认为悲观主义和乐观主义的极端论调，都会使人们放弃努力，听凭命运的摆布。他们认为世界明天的好坏不是命中注定的，而是取决于人类今后几十年作出的决策是否明智。当然，每个人都会有自己的答案，因为人类的未来取决于我们每个人的行为。

无论过去、现在还是未来，也无论家庭、国家还是世界，环境总是我们人类的朋友。善待朋友，就是善待我们自己。

当然，我们这里讲的研究环境，不只是指研究自然环境和生物环境，同样也要研究社会环境、文化环境、经济环境和美学环境，因为我们生活的空间，是居住、劳动、娱乐、交往的空间，我们的生活不只包括物质生活，而且包括精神生活。

我们对于生活空间不仅要求安全、舒适、方便、健康，而且还涉及社会环境的各个方面，这是一个更为广泛更加复杂的课题。这些课题终究是要逐步解决的，但我们不能等待自然环境恶化了才去解决，必须发挥人类已经获得的技术去控制自然环境的恶化，这无疑是人类面临的若干最急迫的工作之一，在这项工作中，每个人都有机会来为它作出特殊贡献。

环境保护是一件复杂而伟大的任务，需要进行深入系统的研究，不但要求定性的研究，更要求定量的研究；不但要研究宏观世界的问题，也要研究微观世界的问题；不但要了解静态的性质，也要了解动态的性质；不但要进行区域性和综合性的调查，也要进行典型的定位观察和试验研究。

这就要求未来的环境工作者需要具有坚实的理论基础和掌握调查研究的技术手段，而且环境工作所涉及的知识领域非常广，包括数学、化学、物理学、地学、生物学、生态学、医学、工程学、农林学、水文学、大气学，甚至人口学、经济学、社会学、美术等。我们可以有信心地创造我们自己的未来，美好的未来就掌握在我们手中——只要我们每个人真正明白这句话的含义："环境是人类的朋友。"

零增长论

零增长论是西方国家20世纪60年代末开始流行的一种主张人口和国民生产总值必须停止增长，才能使人类停止避免灾难的思潮。这种理论的主要代表著作有：米香于1967年发表的《经济增长的代价》、福来斯特于1971年发表的《世界动态》和麦道斯等人于1972年发表的《增长的极限》。

零增长论认为：①按目前增长速度，到20世纪末21世纪初，不可更新的矿物资源都将耗竭，可耕地都将被全部开垦；②如果增长速度不变，及时发现新的代用资源，发明能回收部分资源循环使用的新技术，绿色革命取得新的进展，也只能推迟世界末日的来临；③经济增长和技术进步使环境污染日甚一日，最终必将失去生态平衡，危及人类生存；④使人类免于灾难或毁灭的根本途径在于经济的零增长，即经济发展要绝对服从生态环境保护的需要。

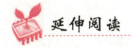

城市热岛效应

早在1818年，人们就发现城市气温比周围乡村高，这种现象被称为城市热岛。产生城市热岛的原因在于：城市市区比郊区高；城市有大量的水泥混凝土、砖石结构的建筑物，广阔的柏油路面，这些建筑物和路面白天大量吸热，夜间逐渐放热，从而使市区夜间的温度比郊区更高；城市上空存在大量的烟雾和各种气体污染物，如二氧化碳等，它能大量吸收城市地面向太空放出的辐射能量，并以逆辐射的方式还给地面，从而使地面降温缓慢。

城市热岛的存在，既有弊也有利。城市气温偏暖，无霜期增长，可使北方城市近郊的菜区延长蔬菜生长期和减轻低温危害，也可减轻市区公共设施和园林草木遭受冻害。然而，在夏季，尤其在南方，热岛却可使城市变得更加酷热，加重了城市居民用水紧张，导致职工中暑发病率增高、工作效率减低等等一系列弊病。

为了改善城市"热岛效应"带来的恶果，给城市居民的生活和生产创造良好的环境，有必要控制城市发展的规模，限制在城区发展耗能大的工业，根治污染，扩大绿化面积，保留湖塘水域，适当降低建筑密度。

能源的现状与未来

能源的重要性

能源，对于人类的物质文明有着巨大的影响。能源发展的每一次飞跃，都引起了人类生产技术的变革，推动了生产力的发展。从木炭时代到煤炭时代，从煤炭时代到石油时代，以至原子能开发和各种各样新能源登上能源的消费舞台，都曾使几近停滞的文明开始新的发展。

现代人类社会依赖两种能量的供应：①维持人体正常生理功能所需要的能量，②维持社会生产力和日常生活所需要的能量。

第一种能量便是食物。在人体内部，各种物质总是处于相互作用之中，它们不断地发生着化学变化，为此必须有促进化学变化的热能，这就要从食物中摄取糖、淀粉等碳水化合物或脂肪，这些物质经转化而在血液中慢慢"燃烧"，使之产生氧化热，以维持必要的体温。由此而得的热能，通过使用肌肉这一"机械"而转化为运动能，以从事活动和工作。

当然，食物中必须有蛋白质，有钙、铁等矿物营养素。它们构成我们身体各部分的原材料，靠它们制成肌肉、骨骼及内脏器官。生命要进一步进行运动，则必须供给燃料，即能量，这就是碳水化合物和脂肪。一个人只要瞬时失去能源的供应，就将无法生存。

第二种能量则是人类进行生产所必须具备的能源，它和原材料、生产工具共同构成了人类生产的必要条件。并不是只要有了资金、材料和劳动力，社会建设就不存在问题了，如果没有能源，人类就不能建设城镇、村庄，不能制造机器，不能开动火车，不能从事各项研究活动。有人作过这样一个比喻：煤炭、石油或铀等能源好比现代社会的米、麦和面包。离开了能源，社会就将停滞以至灭亡。

人类生活水平和物质文明程度的提高，意味着能源需求量的增加。现在，一般都把每人每年平均能源消费量作为大体衡量该国人民生活水平的标准，因为能源消费增长同人均国民生产总值之间存在着一种互为因果的正面关系，这就是说，能源消费增长，会促进国民生产总值的增长，从而促进个人收入的增加，而个人收入增加又意味着对商品和社会服务有更大的需求，这就又导致消耗更多的能源。当然，这也不是绝对的。

地球上的能源种类繁多，但大致可分为两大类：非再生能源和再生能源。前者主要是指化石能源，后者则包括太阳能、水能、风能、生物能和海洋能等。这些能源存在于自然界中，随着人类智力的发展而不断地被发现，被开发利用，而每一种新能源的被发现和被利用，又强有力地推动了人类文明的发展，因此，能源的变迁史是同人类社会文明发展史紧紧联系在一起的。

从能源的利用和人类文化的发展进程看，大致经历了以下四个阶段：原始阶段（火的利用）、木材能源时代、化石能源时代和最后能源时代。煤炭和石油属于化石能源，它们的发现历史已相当悠长，中国早在3000多年前就开始使用煤炭，希腊2000多年前也开始使用。但由于种种原因，直到近代才达到实用化的地步。蒸汽机的发明和广泛应用，促进了对煤炭燃料的开发利用，直到20世纪前半期，煤炭始终占据能源的权威地位，统霸着热源、动力源和电力源。可以说，产业革命以后，文明的发展是靠煤炭推进的。

19世纪末，石油开始开采。1859年，美国人多列依库开发油田成功，使长眠于地下的石油成为大量供应的燃料。尤其是汽油发动机和柴油发动机的发明，使得石油制品得到了广泛应用，它更加迅速地推进了机械文明和近代文明的发展。进入 20 世纪后半期，石油最后动摇了煤炭的权威地位，在能源消费结构内跃居第一位，占 50% 以上。现在，大多数工业国家的经济几乎完全依赖于石油和天然气作能源，正因如此，每当石油出现紧张时，人们才普遍关心起能源问题来。

能源的有限性

当今支撑世界经济发展的能源主要是化石能源，即煤炭、石油和天然气。这些能源资源都是亿万年前古代太阳能的积存，远古的生物质吸收了太阳辐射能而生长，但是经过地壳变化，翻天覆地，把这些生物质埋藏在地下，受地层压力和温度的影响，慢慢地变成了碳氢化合物，这是一种可以燃烧的矿物质。

然而，这种漫长的地质年代和地壳的巨大变化，已不可能在地球上重复出现。尽管今后仍会有地震发生，而地球本身早已进入了稳定期。否则，像过去一样的造山运动，恐怕人类也将不复存在了。所以说，现在的煤炭、石油和天然气是不可再生的能源，只能是用一点，少一点，这种天赐的能源资源是有限的，值得人们十分珍惜。

1984 年，第 11 届世界能源会议估计，全世界煤的预测贮量为 13.6 万亿吨，其中可采贮量为 1.04 万亿吨。20 世纪 90 年代我国公布煤炭总资源贮量为 5.06 万亿吨，其中可采贮量约 0.43 万亿吨。中国是煤炭大国，煤产量居世界第一。

全国 2000 多个县，有煤资源的占 1350 个。目前，全国的能源供应，70% 以上靠煤炭。但是煤是化石能源中最脏、热效率也较低的固体燃料，所以，带来的环境污染也最大。

水电是一种可再生能源，在一些国家还有较大的开发潜力，中国的水能资源较为丰富，但是大多数尚未很好开发利用，若能合理开发，将是弥补电力不足的好出路。由于化石能源的有限性和环境保护的需要，国际上对水电开发又开始重视，特别是有些发展中国家，没有更多的廉价石油和煤炭供火力发电，及早考虑如何充分利用水能资源，把电力工业和基础农业同时发展起来，将是现实可行的。例如巴西在发展水电方面有不少成功的经验。有些经济发达国家，如瑞士、日本、挪威、美国、意大利、西班牙、加拿大、奥地利等国的水能资源都得到了较充分的利用，而在多数发展中国家的水能资源尚未大量开发利用。我国的水能利用率仅及印度的1/2。加速水电开发势在必行。发展经济需要能源，但是从上述能源资源看，经济增长不能无限增加能耗。

20世纪70年代的世界石油危机给人们敲响了警钟，特别是一些靠消耗别国能源资源的国家，不加节制地增加能源用量不是长远之计，明智的办法是提高能源利用率和寻找替代能源。因此，美、日、德、法等国，在节能和开发新能源方面加大了投入。实际上许多经济发达国家从20世纪70年代后期以来，已逐渐做到经济有增长，能耗不增加，甚至有的国家总能耗还略有下降。它们已经认识到天赐资源有限，何况多数发达国家的能源大部分靠进口。如日本，国家小，资源不足，不能靠拼能源去增强经济实力，只能从技术上发挥优势，充分利用有限的资源，开展综合利用，使物尽其用，毫不浪费。

我国和多数发展中国家，对能源资源的紧迫感还不强，能源利用效率偏低。例如，我国比欧洲国家的能源利用，总效率约低20%；在农业方面约差10%，工业方面约差25%，民用商业方面也差20%。发展中国家浪费能源资源的现象比较普遍，技术越落后，浪费也越大。

化石能源资源不仅有限，而且同时也是多用途的宝贵资源。煤炭、石油、天然气除作为燃料使用外，就经济价值而言，作为化工原料更为合理。剖析这些物质的成分，它们都属于碳氢化合物，是有机合成的好原料，可以制造合成纤维、塑料、橡胶和化肥等等。如果我们今天把这些宝贵资源都燃烧掉，将来子孙后代搞化工合成就没有原料了，岂不要遭后人唾骂。因此，为了满足人们各方面的需要，珍惜有限的自然资源，人类应有长远的考虑。

如果20世纪70年代节约使用化石能源，是从防止世界产生石油危机考虑，进入20世纪90年代以后，则不仅是考虑不可再生能源资源的问题，而且更突出的是世界环境保护问题。例如大气中二氧化碳含量的增加，对温室效应和全球气候恶化产生的影响。

能源与环境是人类迫切需要解决的问题，它直接影响到世界生态平衡和人类的可持续发展。现在国际上许多国家政府都把《21世纪议程》当作制定政策的依据。各方面的科学家和工程技术人员都把注意力集中到人类迫切需要解决能源问题的焦点上，为了人类生存发展的共同目的，进行广泛的国际科技合作，攻克难关，创造更美好的明天。《关于环境与发展的里约热内卢宣言》提出："保护和恢复地球生态，防止环境退化，各国共担责任。"中国在《21世纪议程》中提出："综合能源规划与管理；提高能源效率和节能；推广少污染的煤炭开采技术和清洁煤技术；开发利用新能源和可再生能源。"

最近几十年以来，人们经常可以在传媒中看到"能源危机"的警示。所谓"能源危机"，是指现在人类所使用的主要能源（化石能源）耗尽时，还没有找到足够替代能源这样一种危险。

能源危机的提出，主要是基于这样两个事实——能源消耗量的直线上升及化石能源的逐渐枯竭。据统计，2000年全世界的能源使用量比1900年大了30倍，这一统计还是属于比较保守的。

由于世界人口的2/3生活在发展中国家，他们平均每人的能源消耗只等于富裕地区市民的1/8，他们正在大力工业化，能耗量增长极快，他们有权利要求避免繁重的劳动和单调的工作，而要做到这一点，就需要"能源奴隶"来代替。

煤炭、石油、天然气等能源在地壳中的蕴藏量究竟有多大？虽然说法不一，但无论如何总是有限的，连续不断地大量消耗下去，不可避免地会有一天要枯竭，这是历史的必然。以煤炭为例，它是地球上蕴藏量最丰富的化石燃料，据世界能源会议估计，全世界最终可以开发的煤约11万亿吨，经济上有开采价值的约有7370亿吨。

有人估计，人类到2112年时将会消耗掉煤蕴藏量的一半，到2400年，地球上的煤将会全部用光。石油怎样呢？虽然它的开采时间不过100多年的历史，但人们已经感到"石油枯竭"的威胁。今天人们所说的"能源危机"，实际上就是"石油危机"。世界石油蕴藏量究竟还有多少呢？据土耳其权威的《石油》杂志1993年初的估计，大约还值192 840亿美元，仅够用至2033年前后。依20世纪90年代石油每桶20美元计算，世界原油蕴藏量约值200 000亿美元，其中绝大部分集中在中东地区，以沙特阿拉伯最多，约值51 500亿美元；伊拉克次之，值20 000亿美元；阿拉伯联合酋长国排名第三，有 19 000 亿美元；第四是科威特，有 18 900 亿美元。原油蕴藏量较多的其他国家依次是伊朗、委内瑞拉、苏联、墨西哥，美国排名第九，蕴藏量约值 5230 亿美元，尼日利亚 3400 亿美元，印尼 2200 亿美元，中国 2000 亿美元，加拿大、挪威、印度各有 1000 亿美元。总之，在今后几十年内，世界石油的绝大部分将被耗尽，到那时，人类将不得不转而起用其他能源。

今天，人类利用的几乎完全是非再生能源，因此，人们迟早要面对化石燃料完全耗尽这样一个现实，必须探索新的能源。化石能源必将逐步过渡到最后能源时代。据专家预测，2070 年以后，世界将进入以太阳能、地热能、风能、氢能、海洋能和核能、增殖堆等能源为主导的"最后"能源时代。

新能源的展望

由于能源是左右人类物质生产发展的主要因素，如果离开了能源，人类的工业和农业就难以发展。正因如此，各国对能源科学的研究都极为重视，对新能源的开发都颇为关注。

新能源一般指太阳能、氢能、地热能、核能、海洋能、生物能、风能等，有的国家将煤炭气化、液化及页岩油、油沙油等也列入新能源之列。在新能源中，名列第一的恐怕是太阳能。据粗略统计，每年太阳照射到地面上的能量要比目前全世界已利用的各种能量的总和还要大 1 万倍。太阳灶是人们直接利用太阳能的设施之一，它结构简单，使用方便，不仅可以用来蒸熟米饭，还可以加热冷水等。我们还可以把太阳能转变为电能，实现这种转换的装置叫太阳能电池，它在航天、远洋、通信等事业中的应用逐渐广泛，人造地球卫星上的帆板就是给卫星上的设备提供能源的太阳能电池。太阳储藏着巨大的热能，据科学家们推断，它在几十亿年内仍是我们地球上最重要的能源。

迄今为止，就世界范围而言，太阳能的利用还是微不足道的。美国科学家正在为太阳能电池寻找新的电导材料，它叫铜铟联硒化物，与以往的结晶硅相比，它既省料又便宜，用它的薄膜制成的一块 10 平方米太阳能组件，可将 11% 的太阳能转换成电能。除此，长期让它在阳光下曝晒，性能也不会下降。有关专家相信，新一代太阳能电池材料尽管价格昂贵，但效益高，这些材料主要是指经过改进的结晶硅和ⅢⅤ族化合物，之所以将它们称为ⅢⅤ族化合物，是因为它们结合了化学元素周期表中的第Ⅲ和第Ⅴ族元素，它们的价格较高，但前景可观。例如砷化镓，有科学家称其为最理想的材料，它可以吸收在最佳光谱范围内的阳光，且可以与许多材料形成合金。美国的太阳能工业部门宣称，即使没有新的技术突破，仅仅依靠现有的技术，也准备在2000年前大量生产洁净的电能。

20世纪末将是太阳能时代的黎明，太阳能新时代发出的曙光已在驱散人们的疑云。到2030年，太阳能采光板将使世界上绝大多数的居民用上热水，成千上万个太阳能集热器出现在千家万户的屋顶上，如同今天的电视天线一样，成为典型的城市建筑奇观。

核能的开发利用开始于20世纪50年代初。1954年，世界上第一座实用的核电站在苏联建成，向工业电网并网发电，虽然电功率只有5000千瓦，却为人类打开了又一扇能源的宝库。从此，核能在世界上的发展相当迅速，尤其在能源资源缺乏的国家，核能升为第一位，成了主要的能源。从国际原子能机构公布的结果知道，到1989年年底止，全世界的27个国家和地区，已经运行了的核电站有434座反应堆，总共发电功率有318千瓦，占全世界总电量的17%。此外，正在建设的核电站有97台机组，总共77千瓦。

目前，核电站的主要原料是铀，它是一种放射性元素，铀矿石同煤、石油一样是从地底下开采出来的，只不过铀的蕴藏量远比煤少得多，然而释放的能量却比煤要多得多，1000克铀裂变放出的热量相当于2500吨标准煤燃烧所放出的热量。但是，由于核能对于人类社会和生态环境有着潜在危险，有人将核反应堆视为潜在的原子弹，是"关在笼中的老虎"。因此，如何看待核能源，是人类解决对能源需求日益扩大过程中一个非常紧迫的问题。

地热能是一个不可忽视的能源。地球内部储藏着灼热的岩浆，犹如石油一样埋在地底下，这些岩浆可以把地下水变为蒸汽，如果我们钻一口深井，这些蒸汽就可以冲出地面，我们不仅可以用它来推动发电机发电，还可推动一些其他机器运转。据统计，地球上全部地下热水和热蒸汽的热能约相当于地球全部煤蕴藏量的1.7亿倍，但对它的利用，进展比较迟缓。

风能也是一种可利用的能源。古时候，人们曾利用风力带动风车，进而带动石磨转动，用来磨面。现在，在一些风力资源比较丰富的地区，还可用风能带动发电机发电。海洋能有两种不同的利用方式：①利用海水的动能，②利用海洋不同深度的温差通过热机来发电。前一种又可分为大范围有规律的动能（如潮汐、洋流等）和无规则的动能（如波浪能）两类，它们都可设法直接转化为机械能。利用海洋不同深度的温差来达到发电的目的，其潜力也是很大的。

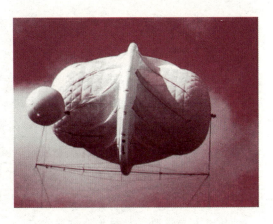

新能源猜想之悬浮式风电机

据估计，仅仅靠近美国的那一部分墨西哥湾暖流，就可提供超过当今耗能 100 倍的能量。若是将全世界的潮汐能收集起来，有 10 亿多千瓦，如能充分利用，每年可发电度数大约相当于目前全世界水电站年发电总量的 1 万倍，可见海洋能的开发前景是多么辉煌。另一种大有前途的能源是氢能，作为与电类似的二次能源，它也初露头角。氢能可以由"取之不尽"的阳光来分解"用之不竭"的海水而获得，这是一种比较理想的代替石油的燃料，没有污染，使用方便，还可以直接利用现有的热机，不需要对现有的技术设备作重大的更改。

由此可见，人类能源的出路，一是节流，二是开源，自然界为我们提供的能源在短时期内是不会枯竭的，就看我们如何开发和利用它们了。

《21 世纪议程》

1992 年，联合国召开的里约热内卢环境与发展会议，通过了以《21 世纪议程》为主的一系列文件，并达成了共识，标致着人类第一次将可持续发展由概念推向行动，开始走向可持续发展的新阶段。

《21世纪议程》的灵魂是全人类的可持续发展，其核心问题是基础广泛的经济发展，人类的不断进步和稳定的人口，良好的生态环境基础，以及高效和节省自然资源的技术进步等各方面的协调发展。可持续发展要求在满足当代人需要的同时，不损害后代人满足其自身需要的能力；一个国家或地区的发展，不应影响其他国家或地区的发展。这表明人类已经开始超越时空来考虑和处理环境与发展问题。到了21世纪，通过对自然资源的高消耗追求经济增长的发展模式，"先污染后治理"的传统发展道路，将被人类彻底抛弃。人类必须依靠现代科学技术，努力寻求一条人口、经济、社会、环境和资源相互协调的可持续发展道路。

 延伸阅读

能源发展简史

　　人类利用能源是以薪柴、风力、水力和太阳能等可再生能源开始，后来才发现了煤炭和石油。中国大约在春秋末（公元前500年）开始利用煤炭作燃料，但是直到13世纪英国开采煤矿，才把煤炭推上了能源的主角地位。

　　18世纪瓦特发明蒸汽机，英国进行产业革命，大量的动力机械逐渐替代了手工业生产方式，交通运输业也迅速发展，使世界能源结构起了重大变革。

　　1859年，美国开始了石油钻探，这种液体燃料显示出比被称为黑色金子的煤炭更具有吸引力。

　　1876年，德国人奥托创制了内燃机，使机械工业发生了翻天覆地的变化。石油与煤炭的竞争加速了世界工业化的进程。特别是第二次世界大战结束后，中东一带的石油大量开发，廉价石油使发达国家的经济像吹气球似的膨胀起来。在煤炭、石油、天然气加速发展的同时，以电为主导的能源结构大变革又开始了。

作为二次能源的电力，从 19 世纪开始，无论是火电或水电，以及后来居上的核电，已在一些国家的经济中越来越起主导作用。电给人们带来无限的欢乐，从生活到生产，人们已离不开电，这是人类利用能源的重要里程碑。

能源与人类

有没有谁想过，一个没有能源的世界是什么样子的？

能源以各种形式存在于自然界中。机械能、电能、化学能、核能等都是能的不同存在形式。日常的生产和生活中，我们往往需要各种各样的能。例如，高炉炼铁或煮饭炒菜，我们需要热能：开动各种车辆，我们需要机械能；使电子计算机等各种电器设备工作，需要电能，等等。

那么，我们从哪里获得所需要的能量呢？热力学定律告诉我们，能量是

没有能源的世界不可想象

可以相互转换的。按照现代科学的观点。自然界里的所有物质都具有一定形式和一定数量的能量。其中的某一些，可以在一定的条件下转换成为人类可以利用的能量。在日常生活中，我们把这样一些具有可转换为人类能够利用的能量物质称为能源。

远古的洞穴人时期，人类所利用的能仅仅限于自身所具有的体能。后来，人类还渐积累了较多的知识并掌握了一些劳动的新手段，他们利用家畜工作，利用水流和风来推动船只和机械。

自从人类掌握了火，人类的进化有了飞跃。木材和动物油成为能源。冬天，人们用火来取暖，夜晚用来照明，还利用它来烧煮食物、冶炼金属、制作玻璃和陶器，等等。

火的用途与日俱增，对木材的需求量也越来越大。18世纪，木材需求量剧增，有些地方已感不足，英国尤为突出。蒸汽机的问世，燃料的内能第一次被转化为动能来推动轮子，进而带动机器。

此后，越来越多的蒸汽机被用于开动工厂的机器，推动轮船和机车运行。这一切，对人类的生活产生了巨大的影响。这就是在现代文明发展史上写下极其重要一页的"工业革命"。

木材的不足使英国人在18世纪想到利用煤来作为替代，社会的发展使煤的消耗量日益增多。人们不免想到，一旦煤被挖完，那该怎么办？所幸，地壳中所蕴藏的几万亿吨煤足够人类用几千年。

19世纪，人类对能的利用又有新的发展。人们发现了电能和开始利用电能这是能源开发史上的一大突破。

与煤相比，石油作为新的能源则具有更多的优点。石油是液体，不仅比煤容易开采，而且可以用管道运输。还有，油更易于燃烧。19世纪末，内燃机的问世及推广，使石油的运用更上一层楼。1950年，全世界石油的消耗量已超过了煤。不幸的是，在地球上石油不像煤那样蕴藏丰富，而且它又比较集中地分布在几个地区。对石油的需求日增使油价不断上涨。依现有的开采速度，三五十年之后，地球上的石油就会被用得一干二净。

能源危机迫使人们在充分利用"传统能源"的同时，去探寻开发其他"新能源"的途径。

所谓的"新能源",是相对于"传统能源"而言的。任何能源,从它被人类发现和开始被利用到大规模地被利用,都有一个发展过程。我们今天所用的草木燃料、化石燃料(煤、石油和天然气等)和水能等,被称为"传统能源"。但在人类初识它们时,也曾称之为"新能源"。如石油,早在1800年前《汉书》就记载:"高奴有洧水可燃"。意思是说,高奴(今延安一带)有一条叫洧水的河,河水可以燃烧。宋朝科学家沈括,第一次使用"石油"一词,并预言:"此物后必大行于世。"直到1859年,当美国人开凿出第一口石油井,而且内燃机的发明使石油得到了更广泛的利用时,人们才将石油称之为一种了不起的"新能源"。人类对地热、潮汐、风力、太阳能的利用均由来已久。然而,直至今日,这些能源尚未被广泛开发利用。今天,这些能源又以"新能源"的面目出现在世人面前。

到目前为止,我们已开发利用的能源可以分为三类。第一类是来自地球以外天体的能量,其中以太阳的辐射能为主;第二类是地球本身所蕴藏的能量,如已可利用的铀元素等的原子能以及地热等;第三类是由于地球和其他天体相互作用而产生的能量,如潮汐能等。从来源上看,煤、石油和天然气均属于第一类能源。这所含的能量是由数百万年前太阳的辐射能转化而来的。风、流水、海流和波浪所具有的能量也来自太阳。它们和草木燃料、沼气以及其他由于光合作用而形成的能源一样,都属于第一类能源。以其现有的形式存在于自己界中的能源,如风能、地热能、太阳能、煤、石油、天然气、核燃料等,被称为"一次能源"。我们生活中所用的电能以及汽油、煤油、酒精、火药和各种余热,都被称为"二次能源"。

一部人类文明的发展史,实际上也就是一部人类不断征服自然、开发新能源的历史。在对待能源的问题上,停止、悲观和无所作为的论点都是错误的。人类必将不断地前进,高效率的新能源必将被人类不断地开发出来。而这一历史使命正责无旁贷地落在每个青少年的身上。

二次能源

二次能源是指由一次能源经过加工转换以后得到的能源，例如：电力、蒸汽、煤气、汽油、柴油、重油、液化石油气、酒精、沼气、氢气和焦炭等等。在生产过程中排出的余能，如高温烟气、高温物料热，排放的可燃气和有压流体等，亦属二次能源。一次能源无论经过几次转换所得到的另一种能源，统称二次能源。二次能源又可以分为"过程性能源"和"合能体能源"，电能就是应用最广的过程性能源，而汽油和柴油是目前应用最广的合能体能源。二次能源亦可解释为自一次能源中，所再被使用的能源，例如将煤燃烧产生蒸汽能推动发电机，所产生的电能即可称为二次能源。或者电能被利用后，经由电风扇，再转化成风能，这时风能亦可称为二次能源，二次能源与一次能源间必定有一定程度的损耗。

 延伸阅读

资源诅咒

资源诅咒是一个经济学的理论，多指与矿业资源相关的经济社会问题。丰富的自然资源可能是经济发展的诅咒而不是祝福，大多数自然资源丰富的国家比那些资源稀缺的国家增长的更慢。经济学家将原因归结为贸易条件的恶化，荷兰病（指自然资源的丰富反而拖累经济发展的一种经济现象）或人力资本的投资不足等，主要由对某种相对丰富的资源的过分依赖导致。

经验数据显示，从一个较长的时间范围来看，资源丰裕国家经济增长的速度是缓慢的，甚至是停滞的。在全球65个资源相对丰裕的国家中，只有4个国家（印度尼西亚、马来西亚、泰国、博茨瓦纳）人均GNP年增速达到

4%（1970—1998），而一些东亚资源稀缺的经济体（新加坡、韩国和中国香港、台湾地区），经济增长却超过了发达国家的平均水平（世界银行，2000）。

可持续发展

发展的概念

当前，在国际社会和世界学术界，"发展"一词是一个被广泛使用和频繁提及的概念，是一个人类千百年来始终执着追求的最基本、最崇高、最普遍的目标，同时也是一个全世界普遍关注的重大命题。在发展的过程中，人类取得了前人所未获得的辉煌成绩，也遭受过无数的自然界无情的惩罚和报复。它所以重大，是因为它涉及各国、各地区和各民族的切身利益，关系到未来世界的面貌与形态，影响着人类与自然界的相互关系，因此构成了对世界各国决策者、国际社会和全人类的严重挑战。

按照西方的传统观念，发展和经济增长是一个概念。美国版和英国版的《国际社会科学百科全书》的经济发展条目下注明"见经济增长"。而《牛津英文词典》对"发展"的释义为"与进化是一个意思"。德文词典中以间接方式来阐述"发展"一词，通过例举阐述其含义："例如，可以说我国的文化、社会、历史、经济的发展。"另一种观点则认为，"发展"这一概念，主要适用于发展中国家和不发达国家。关于"发展"的定义，我们还可以阐述和列出一些，但是都不外乎如下两种观点：①发展就是经济增长，就是国民总产值的增加，适用于一切国家；②发展不同于经济增长，它主要适用于发展中国家和不发达国家。

总之，从目前的研究来看，多数专家和学者认为：发展的实质就是指一个国家、一个地区、一个民族如何通过多方努力实现现代化的问题，即研究、探讨、总结和寻求在通往现代化过程中所遇到的各种理论与实践的问题，如发展的目标、发展的模式、发展的途径、发展的方法、发展的优先领域及其相互之间的联系等。

从广义上讲，发展问题不应只适用于不发达国家和发展中国家，而是全球性的共同问题，只是发达国家和不发达国家及发展中国家在发展内容上的阶段性差异和发展模式、发展途经及发展方法上的不同选择而已。对于发达国家来说，主要是回答工业化实现以后社会生活中出现的种种新变化和向后工业社会、信息社会发展以及担当更多的责任以解决全球性环境等问题；而对于发展中国家来说，当务之急仍是如何实现工业化和全面现代化以解决贫困和缩小与发达国家之间的差距等问题。

从狭义上讲，发展问题又是一个针对性很强的问题，它更主要的是针对发展中的国家和社会如何通过包括经济、科技、政治、社会、文化和教育等诸多方面的努力，来完成由落后的不发达状态向先进的发达状态的过渡和转化。

因此可以说，发展问题正日益成为各门学科密切注意的重大课题，从生态学到工程学，从经济学到社会学，从哲学到数学，从系统工程学到未来学，从事各种不同学科研究的学者都从各自不同的研究角度，以各自学科的思想内容和理论为基础去认识、研究和探讨这一影响人类未来的发展问题，并且这个问题正日益成为各国从事国内和国际事务的政治家、战略家及广大公众所普遍注目的焦点。

从发展到持续发展

持续发展思想，是由世界环境与发展委员会于 1987 年提出来的。日后，随着其影响的日益广泛，现已成为许多国家和地区制定发展战略的指导思想。按照世界环境与发展委员会的定义，所谓持续发展，"是既满足当代人的需要，又不对后代满足其需要的能力构成危害的发展"。

这虽然是一种粗略的定性描述，在转化成实践的过程中也会有一定的困难，但作为一种新思想、新观念，在人与自然相互作用的过程中对调节人类的活动起到了承前启后的作用。

持续发展作为一种社会经济发展思想与传统的发展思想是相对立的，是在人类饱尝生态破坏所带来的痛苦的基础上提出的。因此。它从根本上否定了传统发展思想中的追求国民生产总值或国民收入的增长，而不顾自然资源的迅速枯竭的趋势和生态环境的严重破坏这种片面的价值观。它从整个人类的生存、繁衍和发展这一最终需要出发，重新确立起了环境（或自然）的价值，界定了环境（自然）在人类社会发展进程中的地位和作用，明确了人类与自然和谐发展、共同进步的途径和方式。

不可否认，传统发展思想在以高投入、高消耗为其发展的重要手段和基本途径，以高消费、高享受为其发展的追求目标和推动力的基础上，确实将人类的历史文明向前大大地推进了一步。但是与此同时，正是这种传统的发展思想将人类逐渐地引进了与自然界全面对抗和尖锐对立的冰雪时代。

到20世纪90年代，自然界由于环境和生态的破坏对人类的报复变得越来越频繁，越来越激烈，给人类造成的损失和灾难越来越大。如全球气候变暖、大气臭氧层的破坏、酸雨污染、土地沙漠化、生物多样性锐减、海洋与淡水资源的污染、有毒化学品和放射性核物质的转移与危害等等。

所有这一切，人类已经把自己逼到了一个必须作出历史抉择的紧要关头：或者继续我行我素，坚持传统的发展思想，保持或扩大国家之间的经济差距，在世界各地增加贫困、饥饿、疾病和文盲，继续使我们赖以生存的地球生态系统进一步恶化。那么，结果只有一条，就是人类最终只会走向自我毁灭，自我消亡；或者人类与传统的发展思想彻底决裂，并根据持续发展的原则与理论，重新调整各项有关政策，探讨并建立资源与人口、环境与发展的科学合理的比例和模式，进一步调节人类活动的方式和规模，使人类发展与环境状况走上一个良性循环的轨道。

在1992年6月份召开的联合国环境与发展大会上，持续发展成了时代的最强音，并被具体体现到了这个会议发表的五个重要的文件中。李鹏总理代表我国政府在这些重要文件上签了名，表明了我国政府在对待持续发展这类问题的态度。所有这一切表明，人类最终理智地选择了持续发展这条人类发展的唯一途径，这是人类文明的历史性的重大转折，是人类告别传统发展和走向新的现代文明的一个重要的里程碑。

持续发展的核心思想与基本内容

持续发展的最广泛的定义和核心思想是："既满足当代人的需要，又不对后代人的满足其需要的能力构成危害（《我们共同的未来》）。""人类应享有以与自然相和谐的方式过健康而富有生产成果的生活的权利，并公平地满足今世后代在发展与环境方面的需要，求取发展的权利必须实现（《里约宣言》）。"

因此，持续发展既是人类新的行为规范和准则，又是人类新的价值观念。作为行为规范，它提出了一系列的准则，强调人类追求的是健康而富有生产成果的生活权利并坚持和保持与自然相和谐方式的统一，而不应当是凭借人类手中掌握的高技术和高投资，采取耗竭资源、破坏生态和污染环境等方式来追求这种人类所崇尚的发展权利的实现，从而给人类划定了社会发展的方向并形成了强有力的约束；作为价值观念，它是人类社会发展的重要的、明确的导向系统，它强调当代人在创造与追求今世发展与消费的同时，应承认并努力做到使后代人拥有与自己同等的发展机会和权利，而不应当也不允许当代人一味地、片面地、自私地甚至是贪婪地为了追求自己的发展和消费，而毫不留情地剥夺了后代人本应合理享有的同等的发展权利与消费机会，从而体现了人类开始进入更高的发展阶段的价值取向。

持续发展作为一种与传统发展截然不同的新的发展理论和发展模式，除了在以上核心思想的指导下，它还包含了以下几方面的内容：

首先，持续发展把发展作为头等重要的内容。持续发展的最终目标和根本目的就是要在全球范围内消除贫困，缩小南北差距，使人类长时期地在地球上生存和发展下去。因此，发展是人类共同的和最普遍的权利，无论是发达国家，还是发展中国家都享有这一最普遍的、最根本，同时也就是平等的、不容剥夺的发展权利，特别是对于发展中国家来说，发展权利尤为突出和重要，它同时还是一个国家和地区人权的重要内容和衡量的标准。

然而，对于发展中国家来说，充满敌意的自然生态环境和不合理的国际经济秩序仍然是约束这些国家经济增长的重要因素，是一个极其沉重的"十字架"。同时，发展中国家也为全人类的生存与发展付出了巨大的血的代价。因此，持续发展认为对于发展中国家来说，发展是第一位的，是硬道理。只有发展，发展中国家才能为解决贫困、人口猛增、生态环境恶化、环境破坏和缩小与发达国家的差距提供必要的技术和资金，也才能逐步实现现代化，最终为摆脱贫穷、愚昧、落后和肮脏铺平道路。发展不仅是解决贫穷的金钥匙，同时也是帮助发展中国家摆脱人口、文盲、生态危机和不健康等一系列社会问题的必要手段和途径。

其次，持续发展认为发展与环境保护之间存在着相互联系、相互制约、密不可分的关系，构成了一个有机的整体。持续发展非常强调："为了实现可持续的发展，环境保护工作应是发展进程的一个整体组成部分，不能脱离这一进程来考虑。"（《里约宣言》）

持续发展非常重视环境保护，始终认为发展与环境保护互为依托，相辅相成，是矛盾统一体的两个方面，但发展是第一位的，占据着主导地位，是矛盾的主要方面。这是因为发展是社会进步的基本前提，是人类社会文明的标志和社会实践的主要内容，而且环境保护又必须依赖于一定的经济基础。

离开了一定的发展前提和条件，环境的保护与改善就成了无源之水，无本之木。同时，环境状况的好坏，对发展又有很大的制约作用。

持续发展把环境建设作为实现发展的重要内容和途径，把环境看成为重要的资源。这就说明，人类赖以生活的大自然，都作为各种资源参与到了人类的物质资料生产的全过程中了。而物质资料的生产又是人类赖以生存和发展的社会实践，也是一切人类经济活动的出发点和归宿。从这一点出发，我们就很容易理解人类的生存和发展必须依赖于一定的环境并受其制约这一浅显而深刻的道理。同时，环境是资源就表明，自然环境是有价值的，人类再也不能像以往那样去无偿地使用它。

从现代的发展趋势和方向来看，真正的发展是越来越需要环境与资源的支撑。同时随着人类科学技术水平的迅速发展和人均消费水平的不断提高，必将伴随着环境与资源的急剧衰退，环境与资源能为发展提供的支撑能力却又越来越有限了。这种严酷的现实要求我们，越是在经济高速发展的情况下，环境与资源的作用就越发地显得重要，就越发要把环境保护工作放在重要的位置上。

再者，持续发展还认为人类要想长久地、更好地在地球这个有限的空间里继续生存和发展下去，必须严格地控制人口数量的增长，并且要相应地大力提高人口素质。

20世纪50年代以来，人口增长过快及人口素质的相对低下就是一些国家有识之士所关注的问题。特别是近十几年来，随着"人类困境"和全球问题理论框架的确定，人口问题越来越成为世界舆论以及各国政府，特别是国际学术界争论的焦点之一。

地球究竟能养活多少人？这个问题涉及环境容量的概念。所谓环境容量，是指在无损于生物圈功能的健全和不耗尽非再生资源的情况下，保持长期稳定状态地球所能供养的世界人口数。它强调人口的环境容量是以不破坏生态系统的稳定、有序和保证资源的永续利用为前提。因此，这一概念指的不是地球所能承受的最大人口负载量，而是适宜的人口负载量。从人类生态学的观点看，人口过度增长会造成生态金字塔变形，使生态系统能流、物流、信息流不畅通，生态网络破损，物种大量减少，食物链结构瓦解，生物格局趋于简化，生态系统的动态平衡被打乱，生态系统的稳定性、有序性、代谢功能都逆向演变，人与自然的矛盾激化，自然与社会的关系失调，致使自然灾害频繁，问题接踵不断。

人口增长过快过多所产生的后果中，首当其冲的是食物紧缺，这是最容易被一般人所能理解的。但人口过度增长还会给经济发展造成更大的潜在的压力，诸如造成资源短缺、人均资源拥有量下降，从而加剧通货膨胀，使待业人数的增长超过社会所能提供的就业岗位的增长，从而导致失业人数增长。可以断言，在人口增长超过经济增长的地方，人们的生活水平绝对不会提高，反而要下降。

客观形势的严重性还在于，在人口不断增长的同时，也发生了个人消费和需要的"爆炸"。传统的生产和消费模式是：高投入—高消费—高污染。这就说明，人们对产品、服务和福利的需要胃口越来越大，这必将不可避免地给生态环境造成越来越沉重的压力和冲击，导致对各种资源毫不约束的过度开发，从而对生态环境造成有意或无意的破坏。

最后，持续发展还非常强调并呼吁人类必须彻底改变对自然界的态度，彻底放弃人是自然界的"主宰者"这样的传统观念，即人类总是习惯于从功利主义的观点出发，只要是对人类需要的就可以随心所欲地开发利用，而从不管自然界会作出什么样的反应。人类应当树立起一种全新的现代文化观念，真正地回到自然中去，要把自己仅仅当作是自然界大家庭中的一个普通成员，与生存在这个大家庭中的其他成员和睦相处，对体现人与自然相互关系的生态规律给予高度的重视。在发展技术文明和物质文明的同时，必须运用大自然赋予人类高度的智慧对地球生物圈的生态状况予以积极的调节，将这个人类赖以生存、繁衍和发展的唯一的地球，完好无缺地交给一代又一代的子孙们，从而真正建立起人与自然和谐相处的崭新观念。

"为了在解决全球问题中成功地取得进步，我们需要发展新的思想方法，建立新的道德和价值标准，当然也包括建立新的行为方式。"（《我们共同的未来》）为此，要进行一场艰巨而持久的文化性质的革命，使环境教育"重新定向，以适合持续发展，增加公众意识并推广培训"（《21世纪议程》）。

总而言之，持续发展的理论和思想中最基本的实质就是：一方面要求人类在与自然环境相互作用和人类生产活动中，要在自然资源开发利用的限度内，尽可能地少投入、多产出；另一方面要求人类在消费时尽可能地多利用，再利用、少排放。只有这样，才可能在人类诀别传统发展模式、实施持续发展战略的今天，彻底纠正过去那种只有单纯依靠增加投入、加大消耗，甚至以牺牲环境和子孙后代所拥有的资源为代价来增加产出的错误作法，从而使发展尽可能更少地依赖地球上有限的资源，使人类的活动尽可能更多地与地球所能承受的负载能力达到有机的协调和统一。持续发展的最终目标就是使人类在地球这颗小小的行星上生存得更美好、更长久。

《里约宣言》

《里约宣言》是《里约环境与发展宣言》的简称。是在 1992 年 6 月 14 日联合国环境与发展大会的最后一天通过。旨在为各国在环境与发展领域采取行动和开展国际合作提供指导原则，规定一般义务。

它由序言和27项原则所组成。序言说明了环发大会举行的时间、地点和通过该宣言的目的等。原则1至原则3，宣布了人类享有环境权，各国享有自然资源的主权和发展权；原则4至原则21，分别规定了国际社会和各个国家在保护环境和实现可持续发展方面应采取的各项措施；原则22至23，是关于土著居民及受压迫、统治和占领的人民，环境权益要加以特殊保护的规定；原则24至26，是关于战争、和平与环境和发展关系的规定；原则27呼吁"各国和人民应诚意地本着伙伴精神，合作实现本宣言所体现的各项原则，并促进可持续发展方面国际法的进一步发展"。

该宣言体现了冷战后新的国际关系下各国对于环境与发展问题的新认识，反映了世界各国携手保护人类环境的共同愿望，是国际环境保护史上的一个新的里程碑。

延伸阅读

绿色 GDP

1946年，希克斯在其的著作中提出"绿色GDP"，即可持续收入这一概念。

这个概念的基础是：只有当全部的资本存量随时间保持不变或增长时，这种发展途径才是可持续的。可持续收入定义为不会减少总资本水平所必须保证的收入水平。对可持续收入的衡量要求对环境资本所提供的各种服务的流动进行价值评估。可持续收入数量上等于传统意义的GNP减去人造资本、自然资本、人力资本和社会资本等各种资本的折旧。衡量可持续收入意味着要调整国民经济核算体系。

绿色GDP是指一个国家或地区在考虑了自然资源（主要包括土地、森林、矿产、水和海洋）与环境因素（包括生态环境、自然环境、人文环境等）影响之后经济活动的最终成果，即将经济活动中所付出的资源耗减成本和环境降级成本从 GDP 中予以扣除。

改革现行的国民经济核算体系，对环境资源进行核算，从现行 GDP 中扣除环境资源成本和对环境资源的保护服务费用，其计算结果可称之为"绿色 GDP"。

地球上的生态资源

DIQIUSHANG DE SHENGTAI ZIYUAN

　　生态是指生物（原核生物、原生生物、动物、真菌、植物五大类）之间和生物与周围环境之间的相互联系、相互作用。环境分为自然环境、人工环境和社会环境。其中自然环境，通俗地说，是指未经过人的加工改造而天然存在的环境。自然环境按环境要素，可分为大气环境、水环境、土壤环境、地质环境和生物环境等，主要就是指地球的五大圈——大气圈、水圈、土圈、岩石圈和生物圈。当代环境科学是研究环境及其与人类的相互关系的综合性科学。生态与环境虽然是两个相对独立的概念，但两者又紧密联系、相互交织，因而出现了"生态环境"这个新概念。

　　生态环境是指影响人类生存与发展的水资源、土地资源、矿产资源、森林资源、生物资源、气候资源和海洋资源等的数量与质量的总称，是关系到社会和经济持续发展的复合生态系统。生态环境问题是指人类为其自身生存和发展，在利用和改造自然的过程中，对自然环境破坏和污染所产生的危害人类生存的各种负反馈效应。

水资源

水是自然资源的重要组成部分，是所有生物的结构组成和生命活动的主要物质基础。从全球范围讲，水是连接所有生态系统的纽带，自然生态系统既能控制水的流动又能不断促使水的净化和循环。因此水在自然环境中，对于生物和人类的生存来说具有决定性的意义。

水资源，从狭义上讲是指在一定经济技术条件下，人类可以直接利用的淡水。即与人类生活和生产活动以及社会进步息息相关的淡水资源。从广义来说是指水圈内水量的总体。包括经人类控制并直接可供灌溉、发电、给水、航运、养殖等用途的地表水和地下水，以及江河、湖泊、井、泉、潮汐、港湾和养殖水域等。

水是人类及一切生物赖以生存的必不可少的重要物质，是工农业生产、经济发展和环境改善不可替代的极为宝贵的自然资源。水资源一词虽然出现较早，随着时代进步其内涵也在不断丰富和发展。但是水资源的概念却既简单又复杂，其复杂的内涵通常表现在：水类型繁多，具有运动性，各种水体具相互转化的特性；水的用途广泛，各种用途对其量和质均有不同的要求；水资源所包含的"量"和"质"在一定条件下可以改变；更为重要的是，水资源的开发利用受经济技术、社会和环境条件的制约。

因此，人们从不同角度的认识和体会，造成对水资源一词理解的不一致和认识的差异。目前，关于水资源普遍认可的概念可以理解为人类长期生存、生活和生产活动中所需要的既具有数量要求和质量前提的水量，包括使用价值和经济价值。在世界许多地方，对水的需求已经超过水资源所能负荷的程度，同时有许多地区也濒临水资源利用之不平衡。

世界水资源现状

储存于地球的总储水量约 1.386×10^{15} 亿立方米，其中海洋水为 1.338×10^{15} 亿立方米，约占全球总水量的 96.5%。在余下的水量中地表水占 1.78%，地下水占1.69%。人类主要利用的淡水约35×10亿立方米，在全球总储水量中只占2.53%。它们少部分分布在湖泊、河流、土壤和地表以下浅层地下水中，大部分则以冰川、永久积雪和多年冻土的形式储存。其中冰川储水量约24×10亿立方米，约占世界淡水总量的69%，大都储存在南极和格陵兰地区。

按1984年估计，中国江河平均年径流量为271×10亿立方米，次于巴西、俄罗斯、加拿大、美国、印尼，居世界第6位。但人均径流量只有世界人均径流量的1/4，每亩耕地水量也只有世界平均值的2/3。中国水资源的时空分布很不均匀。就空间分布来说，长江流域及其以南地区，水资源约占全国水资源总量的80%，但耕地面积只为全国的36%左右；黄、淮、海流域，水资源只有全国的8%，而耕地则占全国的40%。从时间分配来看，中国大部分地区冬春少雨，夏、秋雨量充沛，降水量大都集中在5—9月，占全年雨量的70%以上，且多暴雨。黄河和松花江等河，近70年来还出现连续11—13年的枯水年和7—9年的丰水年。中国地下水补给量约为7718亿立方米/年，其中长江流域最多，为2130亿立方米/年。

地球上目前和近期人类可直接或间接利用的水，是自然资源的一个重要组成部分。天然水资源包括河川径流、地下水、积雪和冰川、湖泊水、沼泽水、海水。按水质划分为淡水和咸水。随着科学技术的发展，被人类所利用的水增多，例如海水淡化，人工催化降水，南极大陆冰的利用等。由于气候条件变化，各种水资源的时空分布不均，天然水资源量不等于可利用水量，往往采用修筑水库和地下水库来调蓄水源，或采用回收和处理的办法利用工业和生活污水，扩大水资源的利用。与其他自然资源不同，水资源是可再生的资源，可以重复多次使用；并出现年内和年际量的变化，具有一定的周期和规律；储存形式和运动过程受自然地理因素和人类活动所影响。

随着世界经济的发展，人口不断增长，城市日渐增多和扩张，各地用水量不断增多。据联合国估计，1900年，全球用水量只有4000亿立方米/年，1980年为30 000亿立方米/年，1985年为39 000亿立方米/年。到2000年，需水量增加到60 000亿立方米/年。其中以亚洲用水量最多，达32 000亿立方米/年，其次为北美洲、欧洲、南美洲等。到2000年，中国全国需水量达到 6814 亿立方米。其中最多为长江流域，达 2166 亿立方米，其次为黄河流域和珠江流域。随着生产的发展，不少地区和国家水资源的供需矛盾正日益突出。

总之，全球淡水资源不仅短缺而且地区分布极不平衡。按地区分布，巴西、俄罗斯、加拿大、中国、美国、印度尼西亚、印度、哥伦比亚和刚果 9 个国家的淡水资源占了世界淡水资源的 60%。约占世界人口总数 40% 的 80 个国家和地区约 15 亿人口淡水不足，其中 26 个国家约 3 亿人极度缺水。更可怕的是，预计到 2025 年，世界上将会有 30 亿人面临缺水，40 个国家和地区淡水严重不足。所以我们要加强保护水资源意识，不要让最后一滴水成为我们的眼泪！

地球上的水资源

可怕的水污染

由于人类大规模的生产活动，在使用水的同时，也往往使某些有害的物质进入水体，引起天然水体发生物理和化学上的变化，这就叫水污染。水污染，古来即有之，人类一开始就习惯把污水、污物倾入水中。但那时污染物质数量少，种类单纯，都是自然界原本就有的东西，在水中容易得到分解和自净。自从人类脱离了刀耕火种的田园生活以后，尤其是进入新的城市和工业化社会以来，水污染的问题就日益严重和复杂了。

水污染按污染物质的类型可分为以下几种：

（1）病原体污染。1981～1986 年，医务人员发现，江苏省兴化县年患伤寒病的人竟占全县总人数的万分之一，而且多发生在中小学生和青壮年中。在调查这一暴发性疾病原因时医务人员发现，兴化县素有"锅底"之称，四邻的水汇向这里，水多是这个县的一大特点。乡镇企业大量污水污染水源，加上水上流动人口及农用化肥、农药、粪便直接污染饮用水源；有些养殖专业户为了夺得高产，甚至向河、湖中倒入粪便，为伤寒这类急性肠道传染病的扩散提供了条件。据对这个县调查，因喝生水而引起伤寒病传播的人占75%以上。这一事例说明，水污染可以导致伤寒这一类疾病的产生及传播。因为生活污水、畜禽饲养场污水、未经处理的医院废水以及制革、洗毛、屠宰场的废水中含有各种病原体，如病毒、病菌、寄生虫等。

（2）需氧物质污染。生活污水、牲畜污水、食品工业和造纸工业废水中，含有大量的碳水化合物、蛋白质、油质和木质素等。这些物质本身没有毒性，但在微生物的生物化学作用下容易分解，分解过程中消耗大量的氧，使水中溶解氧减少，影响鱼类和其他水生生物的生长。

（3）植物营养物质污染。生活污水、含洗涤剂的污水、食品及化肥工业的废水中，均含有磷氮等植物营养物质。农田肥用的氮磷肥料，牲畜粪便随地表径流进入水体，均为植物营养物质污染。

（4）石油污染。近几十年来，石油工业发展非常快，石油污染也引人注目。造成石油污染主要是油船和各种机动船只的压舱水、含油废水、洗船水、油井井喷、输油、蓄油设备的泄漏和炼油工业废水。全世界每年排入海洋的石油及其制品约1000万吨，为总产量的5‰。

（5）热污染。发电厂和工矿企业向水中排放高温废水，使水体温度增加，溶解氧减少。据测，水温由20℃升到30℃时，氧在水中的溶解度下降16%，升到40℃时减少29%。

（6）有毒化学物质污染。主要是重金属和难分解有机物的污染。这些物质在自然界中不易消失，可以通过食物链在人体富集，引起慢性中毒，骨痛病就是这类物质引起的公害病。

（7）无机物污染。包括酸、碱、无机盐类和无机悬浮物污染。酸污染主要来自矿山排水和轧钢、电镀、硫酸、农药等工厂的废水，它的腐蚀性很强，可以严重腐蚀排水管道、船只，影响农作物生长。

（8）放射性污染。放射性矿的开采、提炼废水，核动力厂冷却水、固体废弃物的处理都可能造成放射性污染。主要的放射性物质有锶、铯、碘。水中放射性污染物可附着在生物表面，也可以通过食物链在生物体内富集。长期接触低剂量的放射性物质，可能会引起癌症或遗传变异。

水对人类的价值来自各个方面，因而水污染造成的损失也是十分广泛的。水污染可导致疾病增加，生物资源受损，生产设备遭腐蚀或被堵塞，产品质量下降，净化费用增长，并降低水体作为风景、观光、文化娱乐及体育活动的价值。

保护水资源的措施

首先，要树立惜水意识，开展水资源警示教育。长期以来，大多数人们普遍认为水是取之不尽，用之不竭的"聚宝盆"，使用中挥霍浪费，不知道珍惜。其实，地球上水资源并不是用之不尽的，尤其是我国的人均水资源量并不丰富，地区分布也不均匀，而且年内变化莫测，年际差别很大，再加上污染严重，造成水资源更加紧缺的状况，黄河水多处多次断流就是生动体现。国家启动"引黄工程"、"南水北调"等水资源利用课题，目的是解决部分地区水资源短缺问题，但更应引起我们深思：黄河水枯竭时到哪里"引黄"？南方水污染了如何"北调"？所以说，人们一定要建立起水资源危机意识，把节约水资源作为我们自觉的行为准则，采取多种形式进行水资源警示教育。

其次，必须合理开发水资源，避免水资源破坏。水资源的开发包括地表水资源开发和地下水资源开发。在开采地下水的时候，由于各含水层的水质差异较大，应当分层开采；对已受污染的潜水和承压水不得混合开采；对揭露和穿透水层的勘探工程，必须按照有关规定严格做好分层止水和封孔工作，有效防止水资源污染，保证水体自身持续发展。

具体而言，保护水资源要从以下方面加以注意：

（1）大力发展绿化，增加森林面积，涵养水源。森林有涵养水源、减少无效蒸发及调节小气候的作用，具有节流意义。林区和林区边缘有可能增加降水量，具有开源意义。

（2）提高水资源的综合利用，水在同一空间是有综合利用的特点。水库可以蓄洪，也可以养殖水生动植物，大的水面可以通航，有些水体还可开辟旅游。水力发电用过的水，可以用于灌溉。渠系和田间渗漏的水，可从地下抽出利用，从地下抽出的水，还可从灌区下游重复抽出，重复利用。新疆是干旱地区，没有灌溉就没有农业，设法提高河流引水率，要排好上下游用水关系，等于开辟水源。

（3）调水工程。由于地理、气候特点，地区间水的分配并不平衡。利用自然因素及人工改造，把丰水区的水调至缺水区，是解决水源不足，开辟新的经济区的有效手段。

（4）水资源的保护。水资源被污染，使本来可以利用的水变为不能利用的水，实际上等于减少了水资源。目前世界上已有40%的河流发生不同程度的污染，且有上升的趋势。

（5）城市开发利用污水资源，发展中水处理，污水回用技术。城市中部分工业生产和生活产生的优质杂排水经处理净化后，可以达到一定的水质标准，作为非饮用水使用在绿化、卫生用水等方面。

（6）发展和推广节水器具。据不完全统计，我国目前有便器水箱近4000万套和大量的其他卫生器具，每年因马桶水箱漏水损失水量上亿立方米。

（7）强化保护水资源，节约用水的法制建设和宣传工作，增强全民的节水意识，使人们自觉认识到水是珍贵的资源，摈弃"取之不尽，用之不竭"的陈腐观念，一个珍惜水资源、节约水资源和保护水资源的良好社会风尚开始形成。

保护水资源，首先要全社会动员起来，改变传统的用水观念。要使大家认识到水是宝贵的，每冲一次马桶所用的水，相当于有的发展中国家人均日用水量；夏天冲个凉水澡，使用的水相当于缺水国家几十个人的日用水量；水龙头没有拧紧，一个晚上流失的水则相当于非洲或亚洲缺水地区一个村庄的居民日饮用水总量这绝不是耸人听闻，而是联合国有关机构多年调查得出的结果。因此，要在全社会呼吁节约用水，一水多用，充分利用循环水。

放射性污染

各种放射性物质在环境中经过食物链转移进入人体，这个过程受到许多因素的影响。这些影响包括放射性核素的理化性质和环境因素、动植物体内的代谢情况以及人们的饮食习惯等。放射性核素进入人体后，射线会对机体产生持续的照射，直到放射性核素蜕变成稳定性核素或全部排出体外为止。

人体受某些微量的放射性核素污染并不影响健康。当体内照射剂量大时，可能出现近期效应。这些效应包括出现头痛、头晕、食欲下降、睡眠障碍等神经系统和消化系统的症状，继而还会出现白细胞和血小板减少等症状。超剂量的放射性物质长期作用于体内，可产生远期效应，如出现肿瘤、白血病和遗传障碍。

放射性污染物对环境的作用将是长期的、永久性的。这就要求人们在利用放射性物质和进行核试验时，要清醒地认识到环境可能造成的污染。在科技发展的过程中，人们对放射性物质的利用次数和数量一定会越来越多。同样，人们对它的防范措施也一定会越来越严密，越来越有成效。

延伸阅读

城市废水资源化

近年来，经济的持续快速发展和人口的膨胀加剧了对水的需求，造成世界范围水资源短缺。水资源短缺威胁着人类的生存和发展，已成为全球人类共同面临的最严峻的挑战之一。

为解决困扰人类发展的水资源短缺问题，开发新的可利用水源是世界各国普遍关注的课题。城市废水水质、水量稳定，经处理和净化以后可以作为新的再生水源加以利用。世界上不少缺水国家把城市废水的资源化作为解决水资源短缺的重要对策之一，围绕城市废水的资源化与再生利用开展了大量的研究，包括废水回用途径的分析与开拓，废水资源化工艺与技术研究，回用水水质标准的建立，回用水对人体健康的影响，促进废水资源化的政策与管理体系等。

城市废水如不加以净化，随意排放，将造成严重的水环境污染。如将城市废水的净化和再生利用结合起来，去除污染物，改善水质后加以回用，不仅可以消除城市废水对水环境的污染，而且可以减少新鲜水的使用，缓解需水和供水之间的矛盾，为工农业的发展提供新的水源，取得多种效益。

土地资源

土地资源是目前或可预见到的将来，可供农、林、牧业或其他各业利用的土地，是人类生存的基本资料和劳动对象，具有质和量两个内容。它是一个由地形、气候、土壤、植被、岩石和水文等因素组成的自然综合体，也是人类过去和现在生产劳动的产物。因此，土地资源既具有自然属性，也具有社会属性，是"财富之母"。在其利用过程中，可能需要采取不同类别和不同程度的改造措施。土地资源具有一定的时空性，即在不同地区和不同历史时期的技术经济条件下，所包含的内容可能不一致。如大面积沼泽因渍水难以治理，在小农经济的历史时期，不适宜农业利用，不能视为农业土地资源。但在已具备治理和开发技术条件的今天，即为农业土地资源。由此，有的学者认为土地资源包括土地的自然属性和经济属性两个方面。

土地资源的类型

土地资源的分类有多种方法，在中国较普遍的是采用地形分类和土地利用类型分类：

（1）按地形，土地资源可分为高原、山地、丘陵、平原、盆地。这种分类展示了土地利用的自然基础。一般而言，山地宜发展林牧业，平原、盆地宜发展耕作业。

（2）按土地利用类型，土地资源可分为已利用土地：耕地、林地、草地、工矿交通居民点用地等；宜开发利用土地：宜垦荒地、宜林荒地。宜牧荒地、沼泽滩涂水域等；暂时难利用土地：戈壁、沙漠、高寒山地等。这种分类着眼于土地的开发、利用，着重研究土地利用所带来的社会效益、经济效益和生态环境效益。评价已利用土地资源的方式、生产潜力，调查分析宜利用土地资源的数量、质量、分布以及进一步开发利用的方向途径，查明目前暂不能利用土地资源的数量、分布，探讨今后改造利用的可能性，对深入挖掘土地资源的生产潜力，合理安排生产布局，提供基本的科学依据。

（3）由于中国自然条件复杂，土地资源类型多样，经过几千年的开发利用，逐步形成了现今的各种多样的土地利用类型。土地资源利用类型一般分为耕地、林地、牧地、水域、城镇居民用地、交通用地、其他用地（渠道、工矿、盐场等）以及冰川和永久积雪、石山、高寒荒漠、戈壁沙漠等。

（4）从土地利用类型的组合看，中国东南部与西北部差异显著，其界线大致北起大兴安岭，向西经河套平原、鄂尔多斯高原中部、宁夏盐池同心地区，再延伸到景泰、永登、湟水谷地，转向青藏高原东南缘。东南部是全国耕地、林地、淡水湖泊、外流水系等的集中分布区，耕地约占全国的90%，土地垦殖指数较高，西

土地资源

北部以牧业用地为主，80%的草地分布在西北半干旱、干旱地区，垦殖指数低。水土资源组合的不平衡也很明显，长江、珠江、西南诸河流域以及浙、闽、台地区的水量占全国总水量的81%，而这些地区的耕地仅占全国耕地的35.9%。黄河、淮河及其他北方诸河流域水量占全国水量的14.4%，而这些

半湿润、半干旱区需用灌溉的耕地却占全国耕地的58.3%。西部干旱、半干旱区，水资源总量只占全国水量的4.6%。

中国土地资源的特征

中国国土辽阔，土地资源总量丰富，而且土地利用类型齐全，这为中国因地制宜全面发展农、林、牧、副、渔业生产提供了有利条件，但是中国人均土地资源占有量小，而且各类土地所占的比例不尽合理，主要是耕地、林地少、难利用土地多，后备土地资源不足，特别是人与耕地的矛盾尤为突出。

（1）绝对数量大、人均占有量少。中国国土地面积144亿亩。其中，耕地约20亿亩，约占全国总面积的13.9%，林地18.7亿亩，占12.98%，草地43亿亩，占29.9%，城市、工矿、交通用地12亿亩，占8.3%，内陆水域4.3亿亩，占2.9%，宜农宜林荒地约19.3亿亩，占13.4%。

中国耕地面积居世界第4位，林地居第8位，草地居第2位，但人均占有量很低。世界人均耕地0.37公顷，中国人均仅0.1公顷，人均草地世界平均为0.76公顷，中国为0.35公顷。发达国家1公顷耕地负担1.8人，发展中国家负担4人，中国则需负担8人，其压力之大可见一斑，尽管中国已解决了世界1/5人口的温饱问题，但也应注意到，中国非农业用地逐年增加，人均耕地将逐年减少，土地的人口压力将愈来愈大。

（2）类型多样、区域差异显著。中国地跨赤道带、热带、亚热带、暖温带、温带和寒温带，其中亚热带、暖温带、温带合计约占全国土地面积的71.7%，温度条件比较优越。从东到西又可分为湿润地区（占土地面积32.2%）、半湿润地区（占17.8%）、半干旱地区（占19.2%）、干旱地区（占30.8%）。又由于地形条件复杂，山地、高原、丘陵、盆地、平原等各类地形交错分布，形成了复杂多样的土地资源类型，区域差异明显，为综合发展农、林、牧、副、渔业生产提供了有利的条件。

（3）难以开发利用和质量不高的土地比例较大。中国有相当一部分土地是难以开发利用的。在全国国土总面积中，沙漠占7.4%，戈壁占5.9%，石质裸岩占4.8%，冰川与永久积雪占0.5%，加上居民点、道路占用的8.3%，全国不能供农林牧业利用的土地占全国土地面积的26.9%。

（4）一部分土地质量较差。在现有耕地中，涝洼地占 4.0%，盐碱地占 6.7%，水土流失地占 6.7%，红壤低产地占 12%，次生潜育性水稻土为 6.7%，各类低产地合计 5.4 亿亩。从草场资源看，年降水量在 250 毫米以下的荒漠、半荒漠草场有 9 亿亩，分布在青藏高原的高寒草场约有 20 亿亩，草质差、产草量低，约需 60～70 亩甚至 100 亩草地才能养 1 只羊，利用价值低。全国单位面积森林蓄积量每公顷只有 79 立方米，为世界平均 110 立方米的 71.8%。

土壤污染源及污染物

土壤污染是全球三大环境要素（大气、水体和土壤）的污染问题之一，也是全世界普遍关注和研究的主要环境问题。土壤污染对环境和人类造成的影响与危害在于它可导致土壤的组成、结构和功能发生变化，进而影响植物的正常生长发育，造成有害物质在植物体内累积，并可通过食物链进入人体，以致危害人体健康。土壤污染的最大特点是，一旦土壤受到污染，特别是受到重金属或有机农药的污染后，其污染物是很难消除的。因此，要特别注意防止重金属等污染物质污染土壤。对于已被污染的土壤，应积极采取有效措施，以避免和消除它可能对动植物和人体带来的有害影响。

土壤污染是指人类活动所产生的污染物质通过各种途径进入土壤，其数量超过了土壤的容纳和同化能力，而使土壤的性质、组成及性状等发生变化，并导致土壤的自然功能失调，土壤质量恶化的现象。土壤污染的明显标志是土壤生产力的下降。

1. 土壤污染源

土壤污染物的来源极为广泛，其主要来自工业（城市）废水和固体废物、农药和化肥、牲畜排泄物以及大气沉降等。

（1）工业（城市）废水和固体废物。在工业（城市）废水中，常含有多种污染物。当长期使用这种废水灌溉农田时，便会使污染物在土壤中积累而引起污染。利用工业废渣和城市污泥作为肥料施用于农田时，常常会使土壤受到重金属、无机盐、有机物和病原体的污染。工业废物和城市垃圾的堆放场，往往也是土壤的污染源。

（2）农药和化肥。现代农业生产大量使用的农药、化肥和除草剂也会造成土壤污染。如有机氯杀虫剂 DDT、六六六等在土壤中长期残留，并在生物体内富集。氮、磷等化学肥料，凡未被植物吸收利用的都在根层以下积累或转入地下水，成为潜在的环境污染物。

（3）牲畜排泄物和生物残体。禽畜饲养场的积肥和屠宰场的废物中含有寄生虫、病原体和病毒，当利用这些废物作肥料时，如果不进行物理和生化处理便会引起土壤或水体污染，并可通过农作物危害人体健康。

（4）大气沉降物。大气中的 SO_2、NOx 和颗粒物可通过沉降或降水而进入到农田。如北欧的南部、北美的东北部等地区，雨水酸度增大，引起土壤酸化、土壤盐基饱和度降低。大气层核试验的散落物可造成土壤的放射性污染。此外，造成土壤污染的还有自然污染源。例如，在含有重金属或放射性元素的矿床附近，由于这些矿床的风化分解作用，也会使周围土壤受到污染。

2. 土壤污染物

凡是进入土壤并影响到土壤的理化性质和组成，而导致土壤的自然功能失调、土壤质量恶化的物质，统称为土壤污染物。土壤污染物的种类繁多，按污染物的性质一般可分为四类，即有机污染物、重金属、放射性元素和病原微生物。

（1）有机污染物。土壤有机污染物主要是化学农药，目前大量使用的化学农药有 50 多种，其中主要包括有机磷农药、有机氯农药、氨基甲酸酯类、苯氧羧酸类、苯酰胺类等。此外，石油、多环芳烃、多氯联苯、甲烷、有害微生物等，也是土壤中常见的有机污染物。

（2）重金属。使用含有重金属的废水进行灌溉是重金属进入土壤的一个重要途径。重金属进入土壤的另一条途径是随大气沉降落入土壤。重金属主要有 Hg、Cd、Cu、Zn、Cr、Pb、As、Ni、Co、Se 等。由于重金属不能被微生物分解，而且可为生物富集，所以土壤一旦被重金属污染，其自然净化过程和人工治理都是非常困难的。此外，重金属可以被生物富集，因而对人类有较大的潜在危害。

（3）放射性元素。放射性元素主要来源于大气层核试验的沉降物，以及原子能和平利用过程中所排放的各种废气、废水和废渣。放射性元素主要有 Sr、Cs、U 等。含有放射性元素的物质不可避免地随自然沉降、雨水冲刷和废弃物的堆放而污染土壤。土壤一旦被放射性物质污染就难以自行消除，只能靠其自然衰变为稳定元素，而消除其放射性。放射性元素也可通过食物链进入人体。

（4）病原微生物。土壤中的病原微生物，可以直接或间接地影响人体健康。它主要包括病原菌和病毒等。来源于人畜的粪便及用于灌溉的污水（未经处理的生活污水，特别是医院污水）。人类若直接接触含有病原微生物的土壤，可能会对健康带来影响；若食用被土壤污染的蔬菜、水果等，则间接受到污染。

土壤污染的防治

（1）科学地进行污水灌溉。工业废水种类繁多，成分复杂，有些工厂排出的废水可能是无害的，但与其他工厂排出的废水混合后，就变成有毒的废水。因此在利用废水灌溉农田之前，应按照《农田灌溉水质标准》规定的标准进行净化处理，这样既利用了污水，又避免了对土壤的污染。

（2）合理使用农药，重视开发高效低毒低残留农药。合理使用农药，这不仅可以减少对土壤的污染，还能经济有效地消灭病、虫、草害，发挥农药的积极效能。在生产中，不仅要控制化学农药的用量、使用范围、喷施次数和喷施时间，提高喷洒技术，还要改进农药剂型，严格限制剧毒、高残留农药的使用，重视低毒、低残留农药的开发与生产。

（3）合理施用化肥，增施有机肥。根据土壤的特性、气候状况和农作物生长发育特点，配方施肥，严格控制有毒化肥的使用范围和用量。增施有机肥，提高土壤有机质含量，可增强土壤胶体对重金属和农药的吸附能力。如褐腐酸能吸收和溶解三氯杂苯除草剂及某些农药，腐殖质能促进镉的沉淀等。同时，增加有机肥还可以改善土壤微生物的流动条件，加速生物降解过程。

（4）施用化学改良剂，采取生物改良措施。在受重金属轻度污染的土壤中施用抑制剂，可将重金属转化成为难溶的化合物，减少农作物的吸收。常用的抑制剂有石灰、碱性磷酸盐、碳酸盐和硫化物等。例如，在受镉污染的酸性、微酸性土壤中施用石灰或碱性炉灰等，可以使活性镉转化为碳酸盐或氢氧化物等难溶物，改良效果显著。因为重金属大部分为亲硫元素，所以在水田中施用绿肥、稻草等，在旱地上施用适量的硫化钠、石硫合剂等有利于重金属生成难溶的硫化物。

　　总之，按照"预防为主"的环保方针，防治土壤污染的首要任务是控制和消除土壤污染源，对已污染的土壤，要采取一切有效措施，清除土壤中的污染物，控制土壤污染物的迁移转化，改善农村生态环境，提高农作物的产量和品质，为广大人民群众提供优质、安全的农产品。

河套平原

　　河套平原是位于中国宁夏回族自治区和内蒙古自治区黄河沿岸的冲积平原。由贺兰山以东的银川平原（又称西套平原），内蒙古狼山、大青山以南的后套平原和土默特川平原（又称前套平原）组成，面积约25 000平方千米。它是鄂尔多斯高原与贺兰山、狼山、大青山间的陷落地区，海拔1000米左右。地势平坦，土质较好，有黄河灌溉之利，为宁夏与内蒙古重要农业区和商品粮基地。

　　河套平原素有"黄河百害，唯富一套"之说。狭义的河套平原仅指后套平原，面积近10 000平方千米。自清代以来，后套平原上修渠引黄河灌溉，为内蒙古主要农业区。但灌溉水大量渗入，使地下水位升高，盐碱地面积增加。现已注意合理灌排，营造防护林防止土地沙漠化。

延伸阅读

公地悲剧

1968 年，美国学者哈定在《科学》杂志上发表了论文《公地悲剧》。论文着重于解释经济、发展心理学、博弈理论和社会学领域。有人将此视为"意外行为"的范例，伴随着个人在复杂社会系统中的互动所导致的悲剧结果。哈丁特别提及地球资源的有限以及有限资源为所谓的"生活品质"所带来的影响。如果人口成长最大化，那么每一个个体必须将维持基本生存之外的资源耗费最小化，反之亦然。因此，他认为并没有任何可预见的科技可以解决在这有限资源的地球上如何平衡人口成长与维持生活品质的问题。

公地作为一项资源或财产有许多拥有者，他们中的每一个都有使用权，但没有权利阻止其他人使用，从而造成资源过度使用和枯竭。过度砍伐的森林、过度捕捞的渔业资源及污染严重的河流和空气，都是"公地悲剧"的典型例子。之所以叫悲剧，是因为每个当事人都知道资源将由于过度使用而枯竭，但每个人对阻止事态的继续恶化都感到无能为力。而且都抱着"及时捞一把"的心态加剧事态的恶化。公共物品因产权难以界定而被竞争性地过度使用或侵占是必然的结果。

森林资源

森林是以乔木为主体的生物群落，是集中的乔木与其他植物、动物、微生物和土壤之间相互依存相互制约，并与环境相互影响，从而形成的一个生态系统的总体。森林是人类文明的摇篮，是可持续发展的基础。森林可以更新，属于再生的自然资源，也是一种无形的环境资源和潜在的"绿色能源"。

不同国家、不同国际组织确定的森林资源范围不尽一致。按照中华人民共和国林业部《全国森林资源连续清查主要技术规定》，凡疏密度（单位面积上林木实有木材蓄积量或断面积与当地同树种最大蓄积量或断面积之比）

YINGGAI BAOHU DIQIU DE SHENGTAI ZIYUAN

在 0.3 以上的天然林；南方 3 年以上，北方 5 年以上的人工林；南方 5 年以上，北方 7 年以上的飞机播种造林，生长稳定，每亩成活保存株数不低于合理造林株数的 70%，或郁闭度（森林中树冠对林地的覆盖程度）达到 0.4 以上的林分，均构成森林资源。在联合国粮食及农业组织世界森林资源统计中，只包括疏密度在 0.2 以上的郁闭林，不包括疏林地和灌木林。

森林覆盖率

世界各国森林覆盖率：日本 67%，韩国 64%，挪威 60% 左右，巴西 50%~60%，瑞典 54%，加拿大 44%，美国 33%，德国 30%，法国 27%，印度 23%，中国 20.36%。全球超过 50% 的森林资源集中分布在 5 个国家，中国是其中之一，列俄罗斯、巴西、加拿大和美国之后；全世界平均的森林覆盖率为 22.0%，北美洲为 34%，南美洲和欧洲均为 30% 左右，亚洲为 15%，太平洋地区为 10%，非洲仅 6%。森林最多的洲是拉丁美洲，占世界森林面积的 24%，森林覆盖率达到 44%。森林覆盖率最高的国家是南美的圭亚那，达到 97%；森林覆盖率最低的国家是非洲的埃及，仅十万分之一；森林覆盖率增长最快的国家是法国。

森林资源

联合国粮农组织的 2010 年全球森林资源评估主要结果显示，目前世界森林面积达 40 亿公顷，约占土地面积（不含内陆水域面积）的 31%，人均森林面积 0.6 公顷。全球人工林面积 2.64 亿公顷，约占世界森林面积的 7%。从森林功能来看，全球商品林面积接近 12 亿公顷，生物多样性保护林面积超过 4.6 亿公顷，防护林面积 3.3 亿公顷，分别占世界森林面积的 30%、12% 和 8%。从森林权属来看，公有林面积占世界森林面积的 80%。全球森林碳储量达到 2890 亿吨。

利用价值

对森林资源的利用随着人类社会的发展而不断变化。在原始社会，人类主要以从森林中采集果实和狩猎为生。在封建社会，人类对森林资源的利用是柴木并用，从森林中樵采柴炭作为能源，同时采伐木材做建筑材料。进入资本主义社会后，随着工业化的发展，煤炭和石油代替木材成为主要能源，森林资源主要作为建筑用材和制造家具等生活用品的材料。到了当代，由于滥伐木材破坏森林，形成生态灾难，人们逐渐认识到保护森林的重要性，从而发展到森林整体的永续利用。森林资源已经不仅是生产木材和林副产品的生物资源，而且作为森林环境资源（包括森林所涵养的水资源，森林气候资源和森林景观）也得到利用，这对发展工、农业生产，发展旅游、保健事业起着越来越重要的作用。

森林就像大自然的"调度师"，它调节着自然界中空气和水的循环，影响着气候的变化，保护着土壤不受风雨的侵犯，减轻环境污染给人们带来的危害。

森林不愧是"地球之肺"，每一棵树都是一个氧气发生器和二氧化碳吸收器。一棵椴树一天能吸收 16 千克二氧化碳，150 公顷杨、柳、槐等阔叶林一天可产生 100 吨氧气。城市居民如果平均每人占有 10 平方米树木或 25 平方米草地，他们呼出的二氧化碳就有了去处，所需要的氧气也有了来源。

森林能涵养水源，在水的自然循环中发挥重要的作用。"青山常在，碧水长流"，树总是同水联系在一起。降落的雨水，一部分被树冠截留，大部分落到树下的枯枝败叶和疏松多孔的林地土壤里被蓄留起来，有的被林中植物根系吸收，有的通过蒸发返回大气。1公顷森林一年能蒸发8000吨水，使林区空气湿润，降水增加，冬暖夏凉，这样它又起到了调节气候的作用。

森林能防风固沙，制止水土流失。狂风吹来，它用树身树冠挡住去路，降低风速，树根又长又密，抓住土壤，不让大风吹走。大雨降落到森林里，渗入土壤深层和岩石缝隙，以地下水的形式缓缓流出，冲不走土壤。据非洲肯尼亚的记录，当年降雨量为500毫米时，农垦地的泥沙流失量是林区的100倍，放牧地的泥沙流失量是林区的3000倍。我们不是要制止沙漠化和水土流失吗？最有效的帮手就是森林。

森林与人体健康

随着社会的发展，人们越来越认识到森林所具有吸收二氧化碳释放氧气、吸毒、除尘、杀菌、净化污水、降低噪音、防止风沙、调节气候以及对有毒物质的指示监测等作用。于是不少人开始到大自然中去感受大森林的乐趣，去领略大森林对人体的各种益处。

据调查，绿色的环境能在一定程度上减少人体肾上腺素的分泌，降低人体交感神经的兴奋性。它不仅能使人平静、舒服，而且还使人体的皮肤温度降低1℃~2℃，脉搏每分钟减少4~8次，能增强听觉和思维活动的灵敏性。科学家们经过实验证明，绿色对光反射率达30%~40%时，对人的视网膜组织的刺激恰到好处，它可以吸收阳光中对人眼有害的紫外线，使眼疲劳迅速消失，精神爽朗。

经研究，森林中的植物，如杉、松、桉、杨、圆柏、橡树等能分泌出一种带有芳香味的单萜烯、倍半萜烯和双萜类气体"杀菌素"，能杀死空气中的白喉、伤寒、结核、痢疾、霍乱等病菌。据调查，在干燥无林处，每立方米空气中，含有400万个病菌，而在林荫道处只含60万个，在森林中则只有几十个了。

绿色植物的光合作用能吸收二氧化碳，释放氧气，还能吸收有害气体。据报道，0.4公顷林带，一年中可吸收并同化100 000千克的污染物。1公顷柳杉林，每年可吸收720千克的二氧化硫。因此森林中的空气清新洁净。据日本科学家研究发现，森林和原野里有一种对人体健康极为有益的物质——

负离子，它能促进人体新陈代谢，使呼吸平稳、血压下降、精神旺盛以及提高人体的免疫力。有人测定，在城市房子里每立方厘米只有四五十个负离子，林荫处则有一二百个，而在森林、山谷、草原等处则达到一万个以上。

此外森林还有调节小气候的作用，据测定，在高温夏季，林地内的温度较非林地要低 3℃～5℃。在严寒多风的冬季，森林能使风速降低而使温度提高，从而起到冬暖夏凉的作用。此外森林中植物的叶面有蒸腾水分作用，它可使周围空气湿度提高。

森林的破坏

"几百台拖拉机、推土机隆隆作响，难以数计的林木倒在地上，动物吓跑了，土地被推平。接着火焰四起，浓烟弥漫，鸟儿哀鸣，猴子嚎叫……"

这是南美亚马孙河流域热带森林被破坏的一个场景。据说，这里每天有上百万棵大树被毁掉。

森林被毁并非自今日始，也不仅仅发生在南美亚马孙河流域。在人类发展的历史进程中，森林像母亲一样哺育了人类，给人类提供了吃、穿、住的条件，但自从人类掌握了取火、用火的技术以后，就开始回过头来向自己的"老家"进攻了。

从 1 万年前的新石器时代，人类发展粗放牧畜和进行刀耕火种时起，森林便遭到了巨大的破坏。以后更是变本加厉，日益严重。四五千年前，欧洲森林面积还占陆地面积的 90%，现在只占 50% 了。我国西北广大地区 4000 年前也覆盖着茂密的森林，如今林海湮灭，植被破坏，好多地方已经沦为千沟万壑、童山濯濯的旱原。

特别严重的破坏是在近百年里发生的。随着社会生产的发展，毁林开荒，辟林放牧，兴建城镇，砍伐木材，再加战争破坏，火灾虫害，世界森林面积缩小的过程大大加快。现在，每年大约有 2000 万公顷的森林从地球上消失！

多年来，非洲森林已经砍掉了一半以上。其中西非每新种一棵树，同时却几乎要砍掉 30 棵树。象牙海岸本是非洲多林国家之一，为了得到所需要的外汇，每年差不多要砍伐 30 万公顷森林。1963 年它还拥有 1200 万公顷森林，现在只剩下不到 100 万公顷了。

在人口爆炸和农业过度开发的压力下，亚洲的森林也面临消失的危险。从 1980 年到 2000 年，尼泊尔森林面积减少了 63%，斯里兰卡减少了 59%，泰国减少了 55%。越南在过去 40 年里已有一半的森林被破坏。泰国 1970 年的森林覆盖率还高达 50% 以上，短短十几年后已下降到不足 25%。

欧洲现在的森林都是人工林，原始森林几乎已经绝迹。欧美国家经常发生火灾，比如仅 1990 年，意大利被焚毁的森林就达 17 万公顷。欧共体各国被环境污染毁坏的森林也很多。

最令人担心的是热带雨林，现在正以惊人的速度从地球上消失。20 世纪 80 年代以来，热带雨林的 3 个主要生长国——巴西、印尼和扎伊尔，每年砍伐的森林超过 200 万公顷。有一份最新报告说，1980 年有 1130 万公顷热带雨林被毁，1991 年达到 1690 万公顷，也就是说，过去 10 年里的砍伐量增加了一半。全世界的热带雨林已有 70% 被毁掉！

在人类历史发展的初期，地球上 1/2 以上的陆地披着绿装，森林总面积达 76 亿公顷。1 万年前，森林面积减少到 62 亿公顷，还占陆地面积的 42%。19 世纪减少到 55 亿公顷，无论在欧洲、美洲还是亚洲、非洲，依然到处都能见到森林。可是进入 20 世纪以后，毁林的情况日趋严重，至今全球只存 40 多亿公顷森林，而且正以每分钟 38 公顷的速度在消失！

我国的森林在历史上也不少，不仅南方森林茂密，就是在北方，五六十万年前北京蓝田猿人生活的渭河之滨，北京猿人活动的北京地区，都曾有苍翠的莽莽林海。但是，现在我国的森林已经不多了，截止到 2008 年森林面积是 2054 万公顷，覆盖率 20.36%。

2007 年 3 月 13 日联合国粮食和农业组织星期二发表的《世界森林状况报告》指出，在 2000 年到 2005 年期间，世界森林面积以每年 730 万公顷的速度在减少，相当于两个巴黎的面积。

世界森林总面积略小于 40 亿公顷，约占地球土地面积的 30%。从 2000 年到 2005 年，有 57 个国家的森林面积增加，同时有 83 个国家森林面积减少。占据了世界原始森林面积 80% 的 10 个国家当中，印度尼西亚、墨西哥、巴布亚新几内亚和巴西四国原始森林的破坏严重。

从区域分布上来看，欧洲和北美的森林面积在 2000 年到 2005 年有所增加。亚太地区森林面积也扭转了持续几十年的下降趋势，但这主要是因为中国在植树造林方面进行了很大的投资，从而抵消了该地区其他国家森林面积的损失。非洲和拉丁美洲及加勒比海地区森林面积的减少最为严重，非洲的森林面积1990到2005年间减少了9%，拉丁美洲和加勒比海地区的森林面积从2000年到2005年也以每年0.46%到0.51%的速度递减。

在2011年国际森林年的背景下，联合国粮农组织日前发表了报告指出，由于亚洲森林面积的恢复，世界范围内的森林退化现象有所减轻。这份报告指出，中国、越南、菲律宾和印度森林面积的增加，弥补了非洲和拉美森林面积的减少。报告特别强调了中国和澳大利亚所做的贡献几乎占到总量的一半。当然，数量并不等于质量，世界上生态系统的生物多样性仍然面临很大威胁，排在前四位的都是亚洲地区的森林。

森林破坏给我们带来了严重的恶果。水土流失，风沙肆虐，气候失调，旱涝成灾，都同大规模的森林破坏有关。人们毁林开荒的目的是为了多得耕地，多产粮食，可是结果适得其反，农作物反而减产，挨饿的人越来越多。人们滥伐森林的目的是为了多得木材，获取燃料，可结果也是事与愿违，木材越伐越少，某些森林资源本来很丰富的国家现在成了木材进口国，22个国家中有1亿人没有足够的林木供给他们最低的燃料需求。

森林与人类息息相关，是人类的亲密伙伴，是全球生态系统的重要组成部分。破坏森林就是破坏人类赖以生存的自然环境，破坏全球的生态平衡，使我们从吃的食物到呼吸的空气都受到影响。难怪一位著名的生物学家说："人类给地球造成的任何一种深重灾难，莫过于如今对森林的滥伐破坏！"

爱护森林吧，滥砍乱伐森林是人类的愚蠢行为，再不要做这种贻害子孙后代的事了。我们不仅要保护好现有的森林资源，把利用自然资源和保护环境结合起来，同时还要大规模植树造林，绿化大地，改变自然面貌，改善生态环境。

森林资源保护

森林资源保护是促进森林数量的增加、质量的改善或物种繁衍，以及其他有利于提高森林功能、效益的保护性措施。

森林资源保护大致分为森林资源消耗量控制、森林生物多样性保护、森林景观资源保护及森林灾害防治等。

　　（1）森林资源消耗量控制。根据"林木采伐量小于生长量"的原则编制木材生产计划，适量采伐森林，严格控制森林资源消耗量，以实现资源的可持续利用。中国木材生产一直供不应求，消耗量不断增加。目前这种资源的高消耗模式将危及中国森林资源前景，导致用材林中的成熟林资源趋于枯竭，迫使提前采伐中龄林，降低林地质量。应加强森林资源的林政管理，建立森林资源产业化管理制度和林地有偿转让使用的新机制。

　　（2）森林生物多样性保护。在森林中蕴含的丰富物种资源和遗传种质资源是自然界的宝贵财富。由于全球性的森林资源下降，栖息地破坏和萎缩，导致物种的大量减少或灭绝，生物多样性急剧降低。据统计，目前中国濒危动、植物种数已达 4030～5030 种之多。《濒危野生植物国际贸易公约》附录所列的 640 个种中，中国就占 15% 左右。为保护森林的生物多样性，应加强自然保护区建设，完善珍稀濒危野生物种的原地和迁地保护网，以及强化执法的力度等。

　　（3）森林景观资源的保护。森林景观的美学、文化、娱乐、观赏等价值已日益为人们所认识，森林旅游休闲已成当今时尚。加强森林景观资源的保护，在保护的基础上发展森林旅游和休闲活动，兴办森林公园，既可提高森林的综合效益，又可促进林区建设，对于建立多功能的林业生产体系具有积极意义。

　　（4）森林灾害防治。森林灾害包括森林病虫害、森林火灾及森林气象灾害等。森林灾害的防治应贯彻"防重于治"的方针，通过生物、化学和工程等措施进行综合防治。对于影响范围广、突发性强的森林病虫害（如松毛虫、油桐尺蠖等），应建立长期监测网，加强虫情、病情的预测、预报工作，以便及时采取防治措施。对于破坏性严重的森林火灾，除了加强护林防火规章执行力度以外，建立火警的预警系统和加强护林防火组织、工程措施建设也是非常必要的。至于气象性灾害，在林业生产布局中应予以充分考虑，可通过"趋利避害，因地制宜、合理布局"的办法来预防，把气象灾害对林木的危害控制在最低程度。

知识点

拉丁美洲

拉丁美洲是指美国以南的美洲地区，地处北纬32°42′和南纬56°54′之间，包括墨西哥、中美洲、西印度群岛和南美洲。拉丁美洲是一个政治地理概念，就美洲居民的语言而论，英语和拉丁语占统治地位，由于本区都隶属拉丁语系，这个地区被称为拉丁美洲。它东濒加勒比海和大西洋，与非洲大陆最近距离约2494.4千米；西临太平洋；南隔德雷克海峡与南极洲相望；北界墨西哥与美国界河布拉沃河（即格兰德河）。地区面积2056.7万平方千米。人口5.77亿人（2008年），主要是印欧混血种人和黑白混血种人，次为黑人、印第安人和白种人。该地区自然资源丰富但经济水平较低。居民主要以农业生产为主。工业以初级加工为主，其国家均为发展中国家。

延伸阅读

氮循环

氮是构成生物体有机物质的重要元素之一，而且它在环境问题中都有重要的作用。人类食物中缺乏蛋白质时会引起营养不良，使体力和智力均受到危害。氮制造的合成化学肥料，在施用时也可能引起水体污染。此外，氮在燃烧过程中被氧化成氮氧化物，能造成大气中光化学烟雾的严重污染。

大气中含有大量的氮（约占79%），但不能为植物或动物所直接利用。只有像苜蓿、大豆等豆科植物的根瘤菌这一类固氮细菌或某些蓝绿藻，才能将空气中的氮转变为硝酸盐固定下来。植物从土壤中吸取硝酸盐和铵盐等，并在体内制成各种氨基酸，然后再合成各种蛋白质。动物借食用植物而取得氮，动植物死亡后，身体中的蛋白质被微生物分解成硝酸盐或铵盐而返回土壤中，供植物吸收利用。土壤中一部分硝酸盐在反硝化细菌的作用下转变成分子氮回到大气中。化学肥料的生产和使用也能将空气中氮变成铵盐而贮存于土壤中。火山喷发时也会有氮气进入大气。

生物资源

生物资源是指在目前的社会经济技术条件下人类可以利用与可能利用的生物，包括动植物资源和微生物资源等。有的学者把生物群落与其周围环境组成的具有一定结构和功能的生态系统称为生物资源。

据估计，地球上曾经有过 5 亿种生物。在整个生物进化过程中，生物赖于生存的地理环境曾发生过多次重大变化，生物在自然选择和本身的遗传与变异共同控制下，也不断地发生分异与发展，旧种逐渐灭亡，新种相继产生，不断演化和发展而形成今日地球繁荣的生物界——丰富的生物资源。现在大约有数百万种生物，其中占绝大多数的是无脊椎动物和植物。物种的数量以热带地区最多，向两极逐渐减少。过去的灭绝大都是自然发生的，但近 400 年来，人类活动的影响日趋加剧，导致了大量人为的物种的灭绝。10 年前全球平均每 4 天有 1 种动物绝迹。今天，每 4 个小时就有 1 个物种在地球上消失。这种大量物种相继消失的过程，不亚于过去数百万年发生的灭绝的规模。因此，如何根据生物资源的特性，合理利用和保护生物资源，就成为当前国际科学界密切关注的问题之一。

生物资源的组成

生物资源包括基因、物种以及生态系统三个层次，对人类具有一定的现实和潜在价值，它们是地球上生物多样性的物质体现。自然界中存在的生物种类繁多、形态各异、结构千差万别，分布极其广泛，对环境的适应能力强，如平原、丘陵、高山、高原、草原、荒漠、淡水、海洋等都有生物的分布。目前已经鉴定的生物物种约有 200 万种，据估计，在自然界中生活着的生物约有 2000 万～5000 万种。它们在人类的生活中占有非常重要的地位，人类的一切需要如衣、食、住、行、卫生保健等都离不开生物资源。此外，它们还能提供工业原料以及维持自然生态系统稳定。

生物资源包括动物资源、植物资源和微生物资源三大类，其中动物资源包括陆栖野生动物资源、内陆渔业资源、海洋动物资源。植物资源包括森林资源、草地资源、野生植物资源和海洋植物资源。微生物资源包括细菌资源、真菌资源等。从研究和利用角度，通常分为森林资源、草场资源、栽培作物资源、水产资源、驯化动物资源、野生动植物资源、遗传基因（种质）资源等。

基本特征

（1）再生性。在自然和人为条件下，生物所具有的不断自然更新和人为繁殖的能力。再生性是生物资源的基本属性。为人类提供无穷无尽的各种产品。

（2）可解体性。生物资源受自然灾害和人为的破坏而导致某些生物种类减少以至灭绝的特性。每种生物都有自身独特的遗传基因，并且存在于该种生物的种群之中，任何其他的生物个体都不能代表其种的基因库。生物资源破坏后难以自然恢复，从这个意义上看，生物资源是有限的。

（3）用途的多样性。生物资源种类的多样性和功能的多样性，决定了其用途的多样性。

（4）分布的区域性。生物总是生长在与其生态相应的环境中，而非一切地方都能生存。生物资源分布的区域性是人类进行开发利用生物资源的重要依据。

（5）未知性。很多生物还不知或不完全知道其价值；即使现在已经认识、开发的生物资源，也不是完全清楚其所有的价值，如银杏。

（6）获取的时间性。不同生物种类，获取有用物质的时间不一样。"三月茵陈四月蒿，五月六月当柴烧"。

（7）可引种驯化性。野生生物资源可以通过人为的引种驯化而成为家养生物。生物的引种驯化，不仅可以解决野生生物资源获取的困难，而且可以拯救、保护濒危物种，扩大分布区，提高产量。

YINGGAI BAOHU DIQIU DE SHENGTAI ZIYUAN

（8）不可逆性。生物资源属可更新自然资源，在天然或人工维护下可不断更新、繁衍和增殖；反之在环境条件恶化或人为破坏及不合理利用下，会退化、解体、耗竭和衰亡，有时这一过程具有不可逆性。

生物资源

（9）稳定性和变动性。生物资源具有一定的稳定性和变动性。相对稳定的生物资源系统能较长时间保持能量流动和物质循环平衡，并对来自内外部干扰具有反馈机制，使之不破坏系统的稳定性。但当干扰超过其所能忍受的极限时，资源系统即会崩溃。不同的资源系统的稳定性不同。通常，资源系统的组成种类和结构越复杂，抗干扰能力越强，稳定性也越大。反之亦然。

研究意义与利用价值

生物资源是农业生产的主要经营对象，并可为工业、医药、交通等部门提供原材料和能源。随生产发展和科技进步，生物资源作为人类生活和生产的物质基础，已越来越为人们了解和重视，同时生物资源的承载能力与人类需求间的矛盾也日益尖锐，故其研究已成为当今世界上最受关注和充满活力的领域之一。

1992 年，联合国环境发展大会《生物多样性公约》指出："生物资源指对人类具有实际或潜在用途或价值的遗传资源，生物体或其部分、生物群体或生态系统中任何其他生物组成部分。""最好在遗传资源原产国建立和维持移地保护及研究植物、动物和微生物设施"。也就是说明生物为我们提供食物，能源和各种原材料。调查身边的经济生物的种类，了解这些生物具有的经济价值，可以使我们进一步认识到保护生物多样性的意义。

中国是生物多样性最丰富的国家之一。有 3 万多种高等植物，6347 种脊椎动物，599 类陆生生态系统类型。其中生物特有属种比例大，动植物区系起源古老，珍稀物种众多，从而提供了大量可资利用的生物资源。丰富的生物资源是具有战略价值的无形资产，也是我国在知识产权竞争格局中比较优势之所在；善加利用，可以对我国经济建设和科学技术发展发挥重大作用。生物资源具有重要的科学研究价值，为医学、农业、制药等生物技术创新提供样本或工具，进而形成产业应用。基因运用于基因工程，野生植物品系用于育种，野生动植物或其提取物用于生物制药，可能产生巨大的经济效益。

面临威胁与保护措施

生物资源具有再生机能，如利用合理，并进行科学的抚育管理，不仅能生长不已，而且能按人类意志，进行繁殖更生；若不合理利用，不仅会引起其数量和质量下降，甚至可能导致灭种。

近代工业革命以来，由于对自然界的不当开发利用，地球系统脆弱的生态平衡已经被破坏。研究表明，现在每年大约有 10 000 个物种消失，灭绝的速度是史前时期的 100 到 1000 倍。预计未来 30 年，我们将失去 5% ~10% 的热带雨林，随之将有 60 000 个植物品种，甚至更多的脊椎动物和昆虫灭绝。有资料显示，到 2015 年全世界将有 25% 的物种趋于灭绝，地球已基本丧失自我再生的能力。

保护的措施如下：①贯彻"保护、培育、合理开发利用"的原则，保护好现有植物。②适当增加物种数量，不断扩大其种群数量。③遵守野生动物保护法的规定，严禁捕杀野生动物，不得妨碍野生动物的活动。

为了使生物资源得以持续利用，必须强调保护的原则与战略。一类是就地保护，即在原生地既保护种群，又保护它们赖以生存的环境与整个生态系统。一类是异地保护，将物种迁出原生地加以保护，例如种子库、基因库，也包括利用超低温对生殖细胞与胚胎的保护等。

要强调科学管理，其管理原则与方法的核心要求，是要使开发利用与物种种群的恢复增殖相协调，利用生物资源的强度与开发速度不能超出生物资源的生态耐受能力，不能破坏生物资源的复原和再生特性，使之不致出现衰退与灭绝。

总之，不能"竭泽而渔"或"杀鸡取卵"。对于已经出现衰退的生物资源或退化的生态系统，要通过科学的管理，采取重建或恢复的种种措施，使其结构与功能得到恢复，重现旺盛的再生能力。

知识点

遗传基因

遗传基因，也称为遗传因子，是指携带有遗传信息的 DNA 或 RNA 序列，是控制性状的基本遗传单位。基因通过指导蛋白质的合成来表达自己所携带的遗传信息，从而控制生物个体的性状表现。

基因有两个特点，一是能忠实地复制自己，以保持生物的基本特征；二是基因能够"突变"，突变绝大多数会导致疾病，另外的一小部分是非致病突变。非致病突变给自然选择带来了原始材料，使生物可以在自然选择中被选择出最适合自然的个体。

含特定遗传信息的核苷酸序列，是遗传物质的最小功能单位。除某些病毒的基因由核糖核酸（RNA）构成以外，多数生物的基因由脱氧核糖核酸（DNA）构成，并在染色体上作线状排列。基因一词通常指染色体基因。

《生物多样性公约》的目标

《生物多样性公约》的目标广泛，处理关于人类未来的重大问题，成为国际法的里程碑。公约第一次取得了保护生物多样性是人类的共同利益和发展进程中不可缺少一部分的共识，公约涵盖了所有的生态系统、物种和遗传资源，把传统的保护努力和可持续利用生物资源的经济目标联系起来，公约建立了公平合理地共享遗传资源利益的原则，尤其是作为商业性用途，公约涉及了快速发展的生物技术领域，包括生物技术发展、转让、惠益共享和生物安全等，尤为重要的是，公约具有法律约束力，缔约方有义务执行其条款。

公约提醒决策者，自然资源不是无穷无尽的，公约为 21 世纪建立了一个崭新的理念——生物多样性的可持续利用，过去的保护努力多集中在保护某些特殊的物种和栖息地，公约认为，生态系统、物种和基因必须用于人类的利益，但这应该以不会导致生物多样性长期下降的利用方式和利用速度来获得。基于预防原则，公约为决策者提供一项指南：当生物多样性发生显著减少或下降时，不能以缺乏充分的科学定论作为采取措施减少或避免这种威胁的借口。公约确认保护生物多样性需要实质性投资，但是同时强调，保护生物多样性应该带给我们环境的、经济的和社会的显著回报。

气候资源

气候资源是一个新的科学概念，约形成于 20 世纪 70 年代。《世界气象组织第二个长期计划草案（1988—1997）》第一句就提出："气候既是有益于人类的一项重要自然资源，又可能导致自然灾害。"

气候资源是指能为人类经济活动所利用的光能、热量、水分与风能等，是一种可利用的再生资源，也是我国的十大自然资源之一。包括太阳辐射、热量、水分、空气、风能等。它是一种取之不尽，又是不可替代的。气候资源是一种宝贵的自然资源，可以为人类的物质财富生产过程提供原材料和能源。

气候资源的形成因子不等同于气候的形成因子，而比其更为复杂。因为气候只是气候资源的来源与基础。气候还必须同一定的社会因子结合起来，才能转变为资源。从上世纪70年代起，世界气象组织开始将气候看作是气候系统的产物。气候系统包括大气、海洋、大陆、冰雪圈与生物圈等成分及其相互作用。换言之，气候是地表层五大自然圈层相互作用的产物。当前人们所熟知的太阳活动、海温、地温、温室效应、厄尔尼诺现象等都只是这个庞大的系统中的一些突出的环节。其中任何一个环节的异常现象都有可能对气候系统有所冲击，进而影响到气候的异常；但是却不能决定整个系统的运转，或者对气候异常起决定性影响。当前，对气候系统各成分及其相互作用尚没有进行全面和精确诊断分析和作出预测的客观条件，这也是气候预报的准确率难以迅速提高的原因。但是，同样的气候却可以有相差很大的利用效益，甚至也可能转变成为灾害。这主要决定于人们拥有的技术条件（如水利工程、作物品种等）和所采取的决策与管理措施是否正确和得力。这就说明了气候从一种自然现象转变成为一种资源是完全离不开社会因子的作用的。

中国气候资源的基本特征

（1）太阳能资源丰富、光合生产潜力高。中国的太阳能资源除川黔地区外，其余大都相当或超过国外同纬度地区，与美国相当，略高于日本。高值和低值中心处于22°~35°（表示北纬22°~35°）之间。即青藏高原高值中心，其南部光能接近世界上最丰富的撒哈拉沙漠，拉萨有"日光城"之称。低值中心出现在四川盆地。我国主要农业区，作物生长期间的光合有效辐射量多，为作物高产提供了充足的光能。青藏高原生长期短，能为植物提供的光合有效辐射量为全国最低。

（2）热量带多，亚热带和温带面积大。中国是世界上热量带最多的国家，由南往北相继出现热带、南亚热带、中亚热带、北亚热带、南温带、中温带、北温带。青藏高原还有高原温带、高原亚寒带和高原寒带。中国东部主要农业区面积较大，其中亚热带和中、南温带约占全国陆地总面积的

42.5%，其热量与美国主要农业区相近似。小于10℃积温，在北纬40°地区比日本略多，与地中海气候地区相近；在接近北纬30°地区，比地中海气候地区多500℃，比西亚、南亚、非洲等地少600℃～1000℃。

（3）季风气候显著影响。热量资源的季节变化十分明显，大部分地区四季分明，农事活动依赖节气的更迭十分敏感。中国东部与世界同纬度相比，冬季过冷，夏季偏热，而且纬度越高越明显，冬季比夏季突出。夏季偏热，一年生喜温作物（水稻、玉米等）可种植在纬度较高的东北地区，有利扩大喜温作物种植面积和提高复种指数。但冬季过冷，却使越冬作物或多年生亚热带和热带经济果木林的种植北界偏南。这一热量特点也是形成我国种植制度多样性的原因之一。

（4）下垫面复杂多样。中国山地丘陵约占全国面积的2/3。境内地形复杂，较大山脉的走向、地形起伏、加上离海远近等因素的影响，造成了光、热、水资源的重新分配与组合，使得有些地区非地带性的影响超过地带性影响。

（5）特殊地形的热量效应。例如亚热带山区的一些山腰，冬季有逆温现象，多存在暖带和温暖小区；一些大的水体（湖泊、水库），对周围有调温效应，这都有利于果林和作物避寒越冬。但在低凹地形，冷空气易堆积在谷底，形成冷空气"湖"，使作物易发生霜冻害。

（6）降水资源分配不均衡。干湿界线与等降水量线相近与全球比，我国降水量不算丰富。粗略估计，中国平均年降水量约为648毫米，较全球陆地平均年降水量800毫米约偏少19%，比亚洲平均年降水量740毫米偏少12%。中国降水的主要水汽来源于太平洋，年降水量的分布趋势自东南沿海向西北内陆递减，等雨量线大体呈东北—西南走向。中国降水量夏季多、

气候资源

冬季少，这是季风气候的一个重要特征。各地降水季节分配的差异很大，尤其北方雨季短，降水明显地集中于夏季。因此，采取季节调水措施是防旱的重要对策之一。

（7）雨热基本同季。夏季光、热、水共济，气候生产潜力大，中国大部分地区气温与降水的季节变化基本同步，这是农业气候资源的一种优势。夏季温高雨多，光合有效辐射量大，为植物旺盛生长提供了十分有利的条件，气候生产潜力高。

利用价值

利用气候资源最广泛的是：农业、建筑业、交通运输、商业、旅游、医疗等部分。气候资源与其他资源不同，不能进入市场交易。在各种自然资源中，气候资源最容易发生变化，且变化最为剧烈。有利的气候条件是自然生产力，是资源；不利的气候条件则破坏生产力，是灾害。利用恰当，气候资源可取之不尽，但在时空分布上具有不均匀性和不可取代性。故对一地的气候资源要从实际出发，正确评价，才能得到合理的开发利用。

（1）气候资源与农业。气候中的光、热、水、空气等物质和能量，是农业自然资源的重要组成部分，往往决定着该地的种植制度，包括作物的结构、熟制、配置与种植方式。而光、热、水、空气等的分布是不均匀的。因此，各地区在制定农业发展规划时，要注意因地制宜，充分利用本地区的资源优势，获取最大效益。随着农业科技的发展，要合理和充分地利用气候资源，挖掘农业气候资源潜力，不断提高对光照、热量、水等气候资源的开发利用率。如广泛采用间作、套种，发展生态农业、立体农业等。影响农业生产的气候要素包括温度和降水月年平均值、太阳辐射量、降水量的季节分配等。这些气候要素往往决定一个地区的农业类型、种植制度、生产潜力、布局结构、发展前景以及农、林、牧产品的质量、数量和分布等。

（2）气候资源与旅游。旅游业是投资巨大、收入丰厚的新兴产业，其目的是给人提供特殊的物质享受和精神享受，有助于人的身心健康。旅游业离不开气候，气候是旅游来中国不可缺少的一种资源。首先是气候现象本身的美。如，冬日雪景是最壮丽的自然景色，夏日雷电则是最惊心动魄的自然现象。秋高气爽使人心情平静，春暖花开使人感到生机盎然。其次，在特殊气候条件下形成的特殊自然景观与人文景观，更是旅游的重要目标。甚至沙漠景观也能使潮湿地带的居民感到新奇不已。香山红叶、洛阳牡丹更是驰名全国。最后，旅游是一项人类活动，一般需要宜人的气候条件。我国春光明媚的春季与天高气爽的秋季，是旅游最好的气候条件。春游、秋游也在我国比较盛行，人们度假往往也选在这两个季节。旅游有大量户外活动，是人类接近大自然的良好时机，因此，也是气候十分敏感的一个行业。充分评价与开发气候资源，无疑也是开展旅游业的一项重要工作。

（3）气候资源与建筑。①日照与街道方位。在进行城镇规划和建筑设计时，充分考虑光照与街道方位的原因。建议联系当地实际，比较街道方位不同的日照条件，选出最佳街道方位，再用理论指导实际生活。②风向与城市规划。风向决定污染物的输送方向，在常年盛行一种主导风向的地区，应将向大气排放有害物质的工业企业布局在盛行风的下风向，居住区布局在上风向。在季风区，应使向大气排放有害物质的工业企业布局在当地最小频率的风向的上风向，居住区布局在下风向。

（4）气候资源与交通。海陆空交通运输常需要穿越不同的气候区，应尽量避开气候灾害，才能保证运行的安全和较大的经济效益。公路设计和建设时应注意沿线的暴雨及泥石流、大风等出现的频率和强度，以及冻土、积雪的深度等。桥梁设计和建设时应注意当地暴雨强度。机场应布局在距城市较远、地势较高的地方。

（5）气候资源与健康。人们生活在大气层的底部，大气中的四季嬗变、风霜雨雪都对人体产生各种影响，以至引起疾病。其中有些是气候条件直接或间接致病的，例如中暑、冻伤、感冒以及慢性支气管炎、关节病、心脑血管病等。此外，高山反应、空调病、风扇病等也与气候有关。为了满足广大居民防病治病、健康长寿、提高生活质量的需要，现在北京、上海、南京等城市的气象部门开展了人体舒适度、中暑指数、心脑血管病、胃肠道传染病以及紫外线强度、花粉浓度等医学气象预报。当然恰当利用气候条件也能防病治病，如利用气候条件作为锻炼身体的方式，登山、冬泳、滑冰、滑雪等，以增强体质。气候疗养，如沙疗、日光浴、空气浴、冷水浴等防病治病的方

式已被越来越多的人接受。天气预报中诸如穿衣指数、登山指数等内容，对人们合理利用气候资源，防病健身起到了指导作用。人类也是喜光动物，我们经常晒太阳和我们的居室内有较好的日照，不仅可以杀灭病菌，减少疾病，还可以帮助对钙等微量元素的吸收，提高体质。

（6）气候资源与体育。人们合理地利用气候资源开展体育运动，举办大型体育运动会更要考虑气候条件，这已是众所周知的事情。体育气象专家研究总结了各种气候要素对20种体育运动比赛的影响，以风、气温、降水、雾和气压等对运动员的体能和成绩影响最大，因而东道主有义务向所有参赛者提供比赛地点的气候背景资料，并在运动会进行当中及时提供天气预报服务。

开发利用与保护

随着工业发展，人口迅速增加，生产也高速发展，气候资源的不足越来越严重。社会生产对气候及其变化的敏感性、依赖性日益增强，人类活动对气候的影响也日益显露。气候资源丰富的土地被超负荷地利用，并向气候资源不足的干旱半干旱地区和坡地扩大种植，引起严重的水土流失和沙漠化。大气污染不但使空气质量恶化，并将造成不可逆转的人为气候变化。这样，气候资源正面临恶化，以致破坏的厄运。

气候资源的开发利用和保护是一个关系到社会和国民经济可持续发展的重大战略问题，经济和社会的可持续发展是以良好环境和生态系统平衡为前提的，要顺利实施国家可持续发展战略，在防灾减灾、资源利用与保护、气候和环境监测保护等方面必须有强有力的法律保障。在经济建设和社会发展过程中，合理利用气候资源，可取得良好的社会、经济、生态效益，反之，则会遭受经济损失，破坏气候资源，甚至诱发气候灾害。

可持续发展战略强调社会经济与生态的结合，依靠科技进步，协调社会经济发展和资源高效利用与生态环境保护的关系，使生产、生态和经济同步发展。气候资源对生物群落的形成和发展有着经常的、潜移默化的影响。在保持环境与经济协调发展的前提下，使用合理的气候指标和充分利用气候资源，既可获得很大的经济、社会和生态效益，又可预防气候灾害。适宜的气候是宝贵的资源，光、热、水、风可无偿提供给任何人。但是，气候资源是取之不尽、用之不竭的可再生资源的概念现在已开始改变，河流的污染使淡水资源的价值降低，气候变迁改变了资源的恒定性。在社会经济发展中，农业、能源、交通、建筑、经济、商业、健康和生活已成为对气候最敏感的领域，研究这些领域与气候资源的关系，对合理开发利用气候资源，实施可持续发展战略具有重要意义。

大气污染的危害

世界卫生组织和联合国环境组织发表的一份报告说："空气污染已成为全世界城市居民生活中一个无法逃避的现实。"如果人类生活在污染十分严重的空气里，那就将在几分钟内全部死亡。工业文明和城市发展，在为人类创造巨大财富的同时，也把数十亿吨计的废气和废物排入大气之中，人类赖以生存的大气圈却成了空中垃圾库和毒气库。因此，大气中的有害气体和污染物达到一定浓度时，就会对人类和环境带来巨大灾难。

大气污染的危害主要体现在以下几个方面：

1. 大气污染对人体和健康的伤害

大气污染物主要通过三条途径危害人体：一是人体表面接触后受到伤害，二是食用含有大气污染物的食物和水中毒，三是吸入污染的空气后患了种种严重的疾病。从下面的表格中，可以看到：各种大气污染物是通过多种途径进入人体的，对人体的影响又是多方面的。而且，其危害也是极为严重的。

2. 大气污染危害生物的生存和发育

大气污染主要是通过三条途径危害生物的生存和发育的：一是使生物中毒或枯竭死亡，二是减缓生物的正常发育，三是降低生物对病虫害的抗御能力。植物在生长期中长期接触大气的污染，损伤了叶面，减弱了光合作用；伤害了内部结构，使植物枯萎，直至死亡。各种有害气体中，二氧化硫、氯气和氟化氢等对植物的危害最大。大气污染对动物的损害，主要是呼吸道感染和食用了被大气污染的食物。其中，以砷、氟、铅、钼等的危害最大。大气污染使动物体质变弱，以至死亡。大气污染还通过酸雨形式杀死土壤微生物，使土壤酸化，降低土壤肥力，危害了农作物和森林。

3. 大气污染对物体的腐蚀

大气污染物对仪器、设备和建筑物等，都有腐蚀作用。如金属建筑物出现的锈斑、古代文物的严重风化等。

4. 大气污染对全球大气环境的影响

大气污染发展至今已超越国界，其危害遍及全球。对全球大气的影响明显表现为三个方面：一是臭氧层破坏，二是酸雨腐蚀，三是全球气候变暖。

（1）南极上空出现臭氧洞。在离地面 10～55 千米的平流层里，大气中的臭氧相对集中，形成了臭氧层。大气中有了臭氧层，起着净化大气和杀菌作用，可以把大部分有害的紫外线都过滤掉，减少了对人体的伤害，而且使许多农作物增产。臭氧过浓会使人体中毒，而臭氧含量减少，紫外线就长驱直入，使人体皮肤癌发病率增加，农作物减产。科学家已经发现，在南北两极上空的臭氧减少，好象天空坍塌了一个空洞，叫做"臭氧洞"。紫外线就通过"臭氧洞"进入大气，危害人类和自然界的其他生物。"臭氧洞"的出现，同广泛使用氟利昂（电冰箱、空调等的制冷材料）有关，现在，美国和欧洲等国家决定，自 2000 年起，停止生产氟利昂。

（2）酸雨的危害向全世界蔓延。酸雨的危害遍及欧洲和北美，我国主要分布在贵阳、重庆和柳州等地。酸雨降到地面后，导致水质恶化，各种水生动物和植物都会受到死亡的威胁。植物叶片和根部吸收了大量酸性物质后，引起枯萎死亡。酸雨进入土壤后，使土壤肥力减弱。人类长期生活在酸雨中，饮用酸性的水质，都会造成呼吸器官、肾病和癌症等一系列的疾病。据估计，酸雨每年要夺走 7500～12 000 人的生命。

（3）"温室效应"的严重恶果。我们居住的地球周围，包裹着一层厚厚的大气，形成了一座无形的"玻璃房"，在地球上产生了类似玻璃暖房的效应。本来，这种"温室效应"是正常的。但是，进入工业革命以来，由于人类大量燃烧煤、石油和天然气等燃料，使大气中二氧化碳的含量骤增，"玻璃房"吸收太阳的能量也随之增加。于是，在地球上产生了干旱、热浪、热带风暴和海平面上升等一系列严重的自然灾害，对人类造成了巨大的威胁。

大气污染的治理

人类活动导致全球大气层的主要变化及环境问题可以归结为三个方面：①大气中温室气体增加导致气候变化；②大气臭氧层破坏；③酸雨和污染物的越界输送。为了保护全球大气环境，改善本国的环境质量，一些国家在治理大气污染方面制定了新的计划。1996年，英国政府宣布实施为期10年的"全国空气质量战略"计划，以使下个世纪英国的空气变得清新。据统计，英国约20%的车辆造成了80%的汽车废气污染。为此，英国政府将授予地方政府权力以监督污染严重的汽车，地方政府将有权拦截这些汽车并起诉车主。地方政府还将有权封锁空气污染严重地区的交通，对进入市中心的车辆实施检证制等。汽车排放的废气是目前英国空气污染的罪魁祸首，治理汽车废气污染已势在必行。英国环境部说，空气污染每年使3000多名英国人丧生，仅用于治疗因空气污染而引起的疾病的医疗费用每年就达23亿英镑。

我国已加入联合国《气候变化框架公约》和修正后的《关于消耗臭氧层物质的蒙特利尔议定书》，并已在制定履行这些国际公约和议定书的国家行动方案。我国已颁布了《中华人民共和国大气污染防治法》，防止大气污染和保护大气层是一项长期任务。

我国的资源特点和经济发展水平决定了以煤为主的能源结构将长期存在，控制煤烟型大气污染将是我国大气污染控制的主要任务。其次，是注意和控制机动车辆的尾气排放。目前，在大气污染控制和酸雨防治方面存在的主要问题有：

几乎所有城市都存在烟尘污染问题，冬季的北方城市尤为严重。全国二氧化硫排放量逐年增长，并形成南方大面积酸雨区，已发现对森林、土壤、农作物和建筑造成危害。先进实用的控制技术仍十分缺乏，脱硫技术目前仅限于试验及示范工程，尚未大规模实际应用。中小型工业锅炉和炉窑的烟尘治理技术尚需有新的突破，适合我国国情的致酸物质实用控制技术也十分缺乏。工业化起点低，生产规模小，污染物排放量大。如大电厂中小型发电机组的发电煤耗高出发达国家约30%；大量中小型水泥厂的水泥排尘量在3.5千克/吨的水平。

工业企业技术改造相当困难，过去20年全面进行技术改造的企业只占20%左右，而真正达到先进生产技术和现代管理水平的更少。历史欠账多，资金缺口大。对我国老的工业企业污染进行治理，费用至少需要2000亿元左右，筹集这样一笔资金是困难的，对于这类企业的污染治理必须走技术改造、清洁生产或产业结构和布局调整的道路。已经颁布的排放标准实施不力，主要是缺乏资金，缺乏测试设备，管理手段也不配套。适于我国大气污染控制的宏观调控政策运行机制尚未形成；现有政策制度尚未形成完善的体系，缺乏协调，限制了政策、制度在大气污染控制管理中的作用，缺乏有效的能源价格机制和环境经济政策。

能源生产和消费是我国大气污染的主要来源。因此提高能源效率和节能、洁净煤技术、开发新能源和可再生能源、机动车污染控制以及工业污染防治等方面的防治措施是治理大气污染的有效方法。

臭氧层

臭氧，是地球大气中的一种微量成分，而且绝大部分位于离地面约25千米的高空。在那里，臭氧的浓度可达到8～10克/吨，人们将那里的大气叫做"臭氧层"。

臭氧层具有非凡的本领，它能把太阳辐射来的高能紫外线的99%吸收掉，使地球上的生物免遭紫外线的杀伤。可以说，它是地球生命的"保护神"。假如没有它的保护，所有强紫外辐射全部落到地面的话，那么，日光晒焦的速度将比烈日之下的夏季快50倍，几分钟之内，地球上的一切林木都会被烤焦，所有的飞禽走兽都将被杀死，生机勃勃的地球就会变成一片荒凉的焦土。

臭氧层还能阻挡地球热量不致很快地散发到太空中去，使地球大气的温度保持恒定。这一点，它和二氧化碳非常相似，因此，臭氧也是一种"温室气体"。

YINGGAI BAOHU DIQIU DE SHENGTAI ZIYUAN

延伸阅读

几种大气污染物对人体的危害

二氧化硫：视程减少，流泪，眼睛有炎症。闻到有异味，胸闷，呼吸道有炎症，呼吸困难，肺水肿，迅速窒息死亡。

硫化氢：恶臭难闻，恶心、呕吐，影响人体呼吸、血液循环、内分泌、消化和神经系统，昏迷，中毒死亡。

氮氧化物：闻到有异味，支气管炎、气管炎，肺水肿、肺气肿，呼吸困难，直至死亡。

粉尘：伤害眼睛，视程减少，慢性气管炎、幼儿气喘病和尘肺，死亡率增加，能见度降低，交通事故增多。

光化学烟雾：眼睛红痛，视力减弱，头疼、胸痛、全身疼痛，麻痹，肺水肿，严重的在1小时内死亡。

碳氢化合物：皮肤和肝脏损害，致癌死亡。

一氧化碳：头晕、头疼，贫血、心肌损伤，中枢神经麻痹、呼吸困难，严重的在1小时内死亡。

氟和氟化氢：强烈刺激眼睛、鼻腔和呼吸道，引起气管炎，肺水肿、氟骨症和斑釉齿。

氯气和氯化氢：刺激眼睛、上呼吸道，严重时引起中毒性肺水肿。

海洋资源

海水处于永不停息的运动中，海水的运动形式有的是可以看得见的，如波涛汹涌的海浪，有规律地涨落的潮汐，周期运动的潮流以及朝一个方向奔流不息的海流等；有的用肉眼却不易察觉，如大气与海洋的热量交换，以及海水因盐度差而引起的运动等。

海洋的各种运动，都是能量存在的一种形式，其能量都直接或间接来自太阳。自然赋予人类的最大恩惠是什么？除了太阳之外，就是海洋。海洋堪称地球上最大的太阳能收集器，每年收集的能量高达37万亿千瓦，相当于全人类用电量的4000多倍。收集来的能量转换成波浪、海流和海水温度，每平方千米的海面所含有的能量超过2700桶石油所具有的能量。

海洋四大资源

海洋生物资源

生命离不开蛋白质。在茫茫的大海中，可供人类利用的极其丰富的各种生物资源，约有20余万种，其中海洋动物16万～17万种，还有3000～4000种海洋植物。

无论是海洋动物资源，还是海洋植物资源都是人类的食物来源，海产品中的鱼、虾、贝及其他动物产品，不仅肉嫩、味美，而且营养丰富。它们含有大量的蛋白质、脂肪、维生素和钙、磷、铁、碘等物质元素，这些物质和元素都是人体必需的。如果人类能开发利用这些动植物资源，就能满足人类对蛋白质的需要。

根据科学家们的调查和研究，海洋里有许许多多的动物和植物，每年繁殖的总量达几亿吨至几十亿吨。现在，人类每年只利用了其总量的2%左右。

如果人类能在提高海洋动植物产量的同时，在不破坏生态平衡的条件下，对可利用的海域实行"耕作"，在海洋里兴办海洋农场，海洋就能成为浩瀚的高产的蛋白质生产基地，那么，海洋每年就可以向人类提供上百亿吨的食物。

那时，人类再也不用为粮食而发愁了，粮荒矛盾就可以趋向缓和了。

海洋不仅是人类的蛋白质加工厂，也是人体所需的各种微量元素的宝库。自从人类发现碘以来，几乎在所有的海洋生物中都发现碘的存在，尤其在海藻中，海藻以高含碘量为其主要特征。

我国内陆地区许多人患有甲亢病，根本原因就在于很少吃到含碘丰富的水产品，并且当地土壤中又极缺碘，如果能向人们提供大量含碘丰富的海藻加工食品，那里的甲亢病就可能得到缓解。同时还可以为国家节约数亿元用于进口碘化物的外汇。

海洋是一座十分宏大的蛋白加工厂，它日夜不停地制造着人们急需的各种各样的蛋白质、脂肪、维生素、各种微量元素等产品，难道海洋生物资源真是"取之不尽，用之不竭"的吗？

海洋生物资源

从整个海洋生物资源角度分析，海洋生物具有延续物种的特点，只要外界环境适宜它们栖息、生长和繁殖，海洋生物就能生生不息，永无休止地繁衍下去。当然，在海洋生物进化的历史长河中，无数种类灭绝了，又有无数的种类兴盛了。我们现在能看到的许多被称为"活化石"的种类，就是生物进化过程的生动说明。

所以，我们应该珍惜为人类提供丰富食品的海洋生物和有利于它们生存的海洋环境，不要轻易污染海洋，破坏海洋的生态平衡，这样，人类就可以有目的、按计划利用和开发这一座宏大无比的蛋白加工厂，为人类提供更丰富、更优质的营养食品。这样一来，海洋在未来将是人类食物的大仓库。

海洋矿产资源

海洋是"聚宝盆"，有取之不尽用之不竭的巨大财富。单就它的矿产资源来说，其种类之繁多，含量之丰富，令人惊叹。在地球上已发现的100多种元素中，有80多种在海洋中存在，其中可提取的有60多种，这些丰富的矿产资源以不同的形式存在于海洋中：海水中的"液体矿床"；海底富集的固体矿床；从海底内部滚滚而来的油气资源。

在海底上有厚厚的一层沉积物，一般浅海沉积物大部分是泥沙质的，主要是由河流从陆地上搬运来的物质（地质学上称为陆源物质）所组成；而深海沉积物绝大部分是软泥，主要是生物沉积，如抱球虫软泥、有孔虫软泥、硅藻软泥等；大陆坡的沉积则介于这二者之间。就在这些沉积物里面蕴藏着我们所需要的丰富的矿产资源。如在海岸带的沙质沉积中就富集有石英砂、金、铂、金刚石、铁砂、锡砂等，以及含有稀有元素的锆石、金红石和独居石等，它们在海岸带富集成滨海砂矿。在浅海沉积层下面的岩层中，还蕴藏着极为丰富的石油、天然气、煤和硫等。在深海沉积的软泥中，有含锰或铁的结核（或叫矿瘤），在锰结核中，除含锰外，还含有铁、镍、钴、铜等多种金属。

据估计，海水中含黄金达550万吨，银5500万吨，钡27亿吨，铀40亿吨，锌70亿吨，钼137亿吨，锂2470亿吨，钙560万亿吨，镁1767万亿吨等等。

海洋化学资源

在海洋化学资源中占重要地位的就是我们大家都熟悉的食盐。有人计算过，在1立方千米的海水中，约含有3000万吨食盐！可想而知，在这茫茫的海洋当中，仅食盐就有多少，海水中除了食盐外，还有许多其他盐类。这些盐类当中、含有多种对人类有用的元素，如钠、镁、硫、钙、钾、溴、碘、碳、氟、硼、铀、金等。这些盐在海水中的含量是很大的，如果把海洋中的所有盐类都提取出来，把它们平铺在全世界的陆地上，那么陆地的高度可以增加150米！

海水中的一些生物，不仅是丰富的生物资源，而且也是很好的化学资源。人们可以从这些生物体中提取出很多有用的化学物质，比如碘就是从海带中提取出来的。

现在，世界上的淡水用量（主要是工业用水量）越来越大，陆地的水将会远远不够用，而海水则是取之不尽、用之不竭的。如果把海水淡化，那么它就可以极大地满足人类的需要。因此，海水本身也是一项重要的化学资源。

各类化学元素在海水中的含量差别很大。人们为了方便，根据其含量的多少，大体上分了三类：每升海水中含有 100 毫克以上的元素，叫常量元素，含有 1～100 毫克的元素，叫微量元素；1 毫克以下的，叫痕量元素。有时，微量和痕量元素也通称为微量元素。人们根据海水中元素的性质，又把它们分为金属元素和非金属元素两大类。金属元素如：钠、镁、钙、钾、铷，锶、钡等。非金属元素如：氯、溴、碘、氧、硫等。这些元素在海水中主要以化合物的形式存在着。

与海水中元素储量相比，当今人类从海水中提取的金属量是微乎其微的。海洋这个化学资源的宝库，能够为我们人类提供更多的东西。

海洋动力资源

海洋是一个充满活力、永不平静的巨大水体，有着无穷无尽的动力资源。

潮汐能　在月球和太阳的引力作用下形成的海洋潮汐现象，是海洋动力资源的重要部分，称为潮汐能。据计算，全世界海洋潮汐能的总储量至少为 10 亿千瓦。

潮汐能是人类开发最早的一种海洋动力资源，早在 1000 多年前，人们就曾利用它来碾磨谷米。到 1967 年，法国终于在大西洋滨的朗斯河口建成了世界上第一座潮汐电站，把梦想变成了现实，这座电站的年发电能力为 5.4 亿度。

经过几十年的研究探索，人们了解到潮汐发电优点十分显著。主要为：潮汐能是一种再生能源，取之不尽；潮汐能集中在沿海地区，易于开发利用；潮汐规律性很强，能量稳定；潮汐电站的发电机组一般容量较小，运行灵活，供电可靠，再加上潮汐电站的蓄水大坝较低，只要 10 多米就可以了，因此不怕地震，不怕决口，同时还可以兼营水产养殖业，因此经济效益十分显著。

波浪能　大海起伏的波涛，有时汹涌澎湃，有时碧波粼粼，永不平静，无休无止。正是这种起伏的波涛，蕴藏着一种巨大的能源——波浪能。

根据科学家推算，波浪能是海洋能源中蕴藏量最丰富的一种，大约有700亿千瓦，至少也有100亿千瓦，是潮汐能蕴藏量的几十倍。

海洋热能　海洋是地球温度的调节库，它能够吸收热量，释放热量。太阳的辐射给地球带来光明和温暖，但到达地球表面的太阳能绝大部分被海洋所吸收。海洋吸收了太阳辐射能后，温度升高，贮存了大量的热能。但是，太阳能只能被海水表层所吸收，由于海水在垂直方向上的运动幅度较小，表层海水吸收的热能，很难通过海水的运动传到海洋的底层，因而海水深层的温度是很低的，如在500米深处，海水温度终年保持在5℃左右，所以海水上下层水温相差很大，在赤道附近，这种温差在20℃上下。

温差可以发电，估计仅赤道带（北纬20°～南纬20°）就有不低于600亿千瓦的能量，但目前利用温差发电还存在难以解决的障碍，只处在试验阶段。

海流发电　海流可是世界能源中一支不可低估的生力军，仅墨西哥暖流的年径流量就相当于全球所有江河年径流量总和的20倍，这样大量的海水流动，其能量之大可想而知了。科学家估计，世界洋流的动能储量至少有50亿千瓦。

盐能发电　在江河入海口，由于淡水和咸水之间存在着透渗压力差，这种压力差所产生的能量称之为盐能。科学家计算，每条江河入海口的透渗压能相当于一个240米高的水位所产生的势能。世界上以约旦河注入死海的河口处的盐能最大，其能量相当一个500米高的大坝所造成的高水位势能。

海洋生物能　海洋中生长着大量藻类，这些藻类中也蕴藏着巨大的能量，称为生物能。例如，将巨藻切碎后，再经过细菌分解发酵，可以产生甲烷和氢。现在美国开始大规模种植巨藻，以期设想在不久的将来，通过这种方法来满足国内全部或大部分甲烷的需要，那时利用巨藻生产的燃料可与未来能源的价格相竞争。

海洋污染的因素

近几十年，工农业生产突飞猛进，给人类创造了美好的生活。但是，一个新的严重的社会问题——环境污染，在悄悄的滋生和蔓延。别以为污染只是发生在高空中、陆地上，要知道，它最终都要归到海洋中去的。因为海洋处于生物圈的最低部位，"千条江河归大海"，高空中、陆地上所有的污染物，迟早都将归入大海。大海只能接纳污染，而无法把污染转嫁别处，它是全球污染的集中地。而海洋又是彼此相通的，任何一处污染，危害的是整个人类，只是程度不同罢了。

人们总以为广阔无垠的海洋，倒入三五吨有毒物质，扩散稀释之后，啥关系也没有。哪里知道，世界上有那么多国家，那么多工厂，那么多人口，如果大家都把海洋当作废水站、垃圾库，毫无节制地往里面排放废水、扔垃圾，终有一天，蓝色的海洋将成为黑海死洋。富饶的海洋，连虾米水藻也会死尽灭绝。

海洋污染，主要来自战争的破坏和工农业生产本身。概括起来，有以下几个因素：

1. 重金属污染

在工农业生产中，汞、镉、铜、铅、砷等重金属的用途越来越广，因而对海洋的污染也越来越严重。在海洋化学资源开发中，常使用一些吸附剂，如硫酸铅、方铅矿、碱式碳酸锌等，这些物质虽然对铀有很好的吸附作用，可是它们都含有重金属，排入海中，造成重金属污染。据计算，全世界每年进入海洋的汞5000吨，铜25万吨，铅35吨。这些重金属被鱼类蓄积到体内，人吃以后能直接造成危害。

日本一家化工厂，从1908年以来就往海里排出无机汞，经海水扩散稀释，浓度大大降低，鱼儿照样活得自在，似乎一点关系也没有。时间一久，无机汞变成有机汞，毒性就发挥作用了。那里的人长期食用含有机汞的鱼，因而患上中枢神经中毒症。开始病人步履艰难，口齿不清，神情呆滞，接着耳聋眼瞎，四肢抽筋，惨叫而死。这就是闻名世界的"水俣病"。死于此病的已逾千人，更多的则因无法治疗、遭受折磨，痛不欲生。

2. 石油污染

据计算，全年因各种原因流入海洋的石油竟达1000万～2000万吨。

1967年英吉利海峡因油船触礁，流出11.6万吨石油，1974年日本濑户内海的水岛流出6.4万吨石油。1991年海湾战争中，伊拉克打开闸门流出1100万桶原油，严重污染了波斯湾水域，翅膀被油污染而不能飞翔的海鸟接连不断地大量死去。苏联每年排入海里的石油上百万吨，致使那里的梭鱼几乎绝迹，鲟鱼每年递减500万千克。我国大连湾，因石油污染，而使5000亩滩涂被废弃，7个养鸡场只剩下一个。

大家知道石油中含有微量致癌物质，人们食用了被石油污染的鱿类、贝类，将严重损害身体健康，甚至染上食道癌、胃癌而痛苦地死去。

一吨石油进入海洋后，会使1200公顷的海面覆盖一层油膜。这些油膜阻碍大气与海水之间的交换，减弱太阳能辐射透入海水的能力，影响浮游植物的光合作用。石油污染还会干扰海洋生物的摄食、繁殖和生长，使生物分布发生变化，破坏生态平衡。鱼类对石油污染十分敏感，只要嗅到一点点气味，立即远离污染区，洄游鱿类马上改变线路，鱼类的生活圈稍有变更，便影响繁殖，甚至大批死亡。石油对鱼卵和幼鱼杀伤力更大，一滴油污，可使一大片幼鱼全部死去。孵出的鱼苗嗅到油味，只能活一两天。一次大的石油污染事件，会引起大面积海域严重缺氧，使海水中所有生物都面临死亡的威胁。

严重的油污，将使整个海区变成生物灭绝的死海。海湾战争中几乎整个波斯湾水域，都蒙上一层厚厚的油膜，而且不断向外海扩散加大，受害面积是整个伊拉克和科威特土地面积的成百上千倍。要完全消除这里的浮油污染，估计得花50亿美元，十年时间。

陆地上城市居民生活用水，工农业生产的污水、废水，每天有成千上万吨沿着下水道流进大海，其中含有大量粪便、食物残渣和其他有机物质，经过分解形成过剩的营养盐类，往往会促使藻类急剧繁殖，海水出现"赤潮"现象，赤潮生物大量死亡，尸体分解消耗水中的溶解氧，又造成鱼贝的窒息死亡。如1976年美国纽约州的河口区，在14 000平方千米的海域，因三角藻赤潮而使死鱼漂满海面。

3. 农药污染

今天的农业生产少不得使用农药化肥，这两样东西特别是农药对水和空气的污染都是严重的，农药可以毒死害虫，也可以毒死青蛙之类害虫的天敌。大家知道，害虫的繁殖能力是惊人的，没有青蛙之类的天敌，它繁殖得更快，所以农药一年年增多，害虫则一年年猖獗，污染就一年年加重。农药中含有机磷、有机氯、有机氮等，毒性都很强，特别是滴滴涕、六六六、五氯苯粉，可谓烈性毒药。农药撒在农田里，一场大雨过后，其中的一部分便流进江河之中，江河千万条，条条注入海，据估计，世界上生产 150 万吨滴滴涕，约有 100 万吨流入了海洋。污染物通过食物链不断富集，造成的危害是惊人的。

什么是食物链？有句谚语说："大鱼吃小鱼，小鱼吃虾米，虾米吃污泥"。

这便是食物链的通俗解释。海面上的微型植物利用太阳能将溶解在水中的各种化学营养物质合成有机物质，使自己发育成长。微型动物就以微型植物为食，中型动物又以微型动物为食，大型动物又以中型动物为食，人又以大型动物为食，人排泄的粪便又作了微型植物的肥料，这样就形成了一个链环，这就叫做食物链。

农药注入海洋，原本稀释无碍，但经食物链的富集，危害就大了。举个例子来说，散布在大气中的滴滴涕的浓度，原本仅为 0.000 003 毫克/升，一旦降落到海水中，为浮生物所吞食，其体内就富集到 0.04 毫克/升，增大 1.3 万倍。小鱼吃了这种含毒的浮游生物后，体内的滴滴涕的浓度可达 0.5 毫克/升，大鱼吃小鱼就变成 2 毫克/升，人若吃了这样的大鱼，体内富集度是原来的 1000 万倍，这便对人体造成极大的危害。滴滴涕在人体内积蓄，可以引起肝癌，有机磷能破坏人体酶，使人产生神经性中毒，人体内 100 克血液中含铅量超过 80 微克，人就会抬不起、伸不开手指，甚至胡言乱语，寻死觅活。

4. 放射性污染

放射性污染来自核武器试验，来自核动力潜艇，来自各种原子能设施，那些放射性废物，无论散在空间或地上，终将归入大海，一旦辗转进入了人体，白血球就要增多，癌细胞便乘势发展，人就被死神捕捉住了。

自从 20 世纪 50 年代美苏等国开始装备核武器以来，仅发生在海洋中的核潜艇事故就多达 200 余起。据估计，各国在海洋中抛掉的核反应堆至少有

10座，核弹头至少有50枚之多，这些无法打捞、长眠海底的核武器和装置，暂时虽然不会爆炸，紧紧地关闭着，但终有一天，放射性物质会漏出来，它的破坏力到底多大，还难于预测。

海洋如同一个社会，各种生物之间，生物与环境之间都是相互依赖，相互制约的。在正常情况下，它是平衡稳定的生态系统。一旦污染增大，超过了它自身净化能力的极限，平衡就要被打破，灾难就要降临到人间。

海洋污染是一个世界性问题。一个国家的海域污染了，必然向公海和其他国家的海域扩展，就是说污染既可以由国外"进口"，又可以向国外"出口"。而且"进口"、"出口"都十分自由，免收关税，免办手续。试想想，海湾战争所造成的空前的石油大污染，给全人类带来了多大的损失！

因此，保护海洋环境已成为一个世界性的问题了。现在许多国家利用自动分析仪和自动探测仪以及电子计算机进行污染的监测工作，有的还以法令形式规定大型工厂、企业增添排污净化设备，采取切实有效的措施，防止污染。

海洋污染的治理

海洋环境与陆上不同，一旦被污染，即使采取措施，其危害也难以在短时间内消除。因为治理海域污染比治理陆上污染所化费的时间要长，技术上要复杂，难度要大，投资也高，而且还不易收到良好效果。所以保护海洋环境，应以预防为主，防治结合，合理开发，综合利用。这应该说是保护海洋环境的基本策略。保护海洋环境不仅需要有正确的海洋开发政策和先进的科学技术，还需要有一整套科学的、严格的管理制度和方法，尤其是要抓好污染源的管理，这是海洋环境保护的重要环节。海洋的自净能力也是一种资源，我们应该充分利用海域的自净能力，以利于降低治理"三废"的成本，发展生产，同时有效地控制污染物的入海量，要避免走先污染后治理的弯路。

许多年来，中国在工农业蓬勃发展的同时，积极治理工业"三废"，大搞技术革新，广泛开展综合利用，为消除污染，保护和改善环境，保障人民健康，促进经济建设，做出了很大成绩。在广泛地调查研究和积累许多宝贵经验的基础上，制定出中国环境保护的基本方针："全面规划，合理布局，综合利用，化害为利，依靠群众，大家动手，保护环境，造福人民"。

在组织落实方面，我国成立了环境保护的主管机构和"三废"的治理机构，各省、市、区也成立了相应的管理机构，负责管理中国各地和沿海水域的环境保护工作。设置了一系列的海洋环境科研机构和监测机构，积极组织广大科技人员，开展中国沿海、重点港湾及河口区的污染调查监测工作，为控制和理治海洋污染提供了科学依据。沿海的石油化工等企业，按照"三废"治理的措施，不仅设有污水处理的装置，还设有监测机构。有关的环保部门正加强监督和检查，因地制宜地实行有效的防治和管理。

如今，中国已建立了沿海污染的监测网，发布海域污染通报，评价海域环境质量。如国家海洋局下属的"中国海监11"号，就是一艘对渤、黄海进行海洋环境监测、监视和执法管理的执法船，船上装有海洋环境调查、监测的专用仪器设备和海洋水文、化学、地质、生物等实验室，进行溶解氧、pH值、化学耗氧量等现场分析和油类、汞、铬、铅、镉以及有机氯农药等的室内分析。

除进行了大量环境基础调查外，中国还大力开展海洋环境科学方面的研究工作，如在海洋环境质量评价，海洋污染监测技术与方法，海洋污染对生物资源的影响，海洋开发对环境的影响，石油和金属污染物迁移规律，海水水质标准和渔业水质标准的测定以及海洋污染航空遥感等等方面，都取得一定成绩。为了统一中国的海洋污染调查方法及其各项技术规定，编印了中国的"海洋污染调查规范"。此外，有关高等院校还设置和开设了海洋污染的专业课，培养有关专业人材，以适应我国海洋环境保护工作的需要。

经过多年的努力，中国的海洋环境保护工作有了显著的进展，治理工业污染取得较大成绩，城市的环境状况有一定的改善，生态环境保护初见成效，环境管理体系已初步形成，环境监测工作迅速发展，环境科学的研究、教育事业得到加强，海洋环境保护法已得到了充实和完善。

知识点

生物圈

生物圈的概念是由奥地利地质学家休斯在 1875 年首次提出的，直到 1962 年苏联的地球化学家维尔纳茨基所作的"生物圈"报告之后，才引起人们的注意。现代对生物圈的理解仍是当时维尔纳茨基的概念。生物圈是指地球上有生命活动的领域及其居住环境的整体。

生物圈由大气圈下层、水圈、土壤岩石圈以及活动于其中的生物组成，其范围包括从地球表面向上 23 千米的高空，向下 12 千米的深处（太平洋中最深的海槽）。在地表上下 100 米左右的范围内是生物最集中、最活跃的地方。生物圈的形成是生物界与水圈、大气圈、土壤圈和岩石圈长期相互作用的结果。

延伸阅读

五大洋

传统意义上的四大洋是地球上四片海洋（太平洋、大西洋、印度洋、北冰洋）的总称，也泛指地球上所有的海洋。海洋面积为 36 100 万平方千米，是地球表面积的 71%，太平洋占 49.8%，大西洋 26%，印度洋 20%，北冰洋 4.2%。由于海洋学上发现南冰洋有重要的不同洋流，于是国际水文地理组织于 2000 年确定其为一个独立的大洋，传统通称的四大洋，就变成了如今的五大洋了。

1520 年，麦哲伦在环球航行途中，进入一个海峡（后称麦哲伦海峡），惊涛骇浪，走出峡谷时风平浪静，于是称这个水域为太平洋，因为这个名字吉利，所以被全世界承认了。

大西一词，出自古希腊神话中大力士阿特拉斯的名字。传说阿特拉斯住在大西洋中，能知任何一个海洋的深度，有擎天立地的神力。1845年，伦敦地理学会统一定名为大西洋。

1497年，葡萄牙航海家达·伽马绕道非洲好望角，向东寻找印度大陆，将所经过的洋面称为印度洋。1570年的世界地图集正式将其命名为印度洋。

北冰洋位于北极，终年冰封。1845年在伦敦地理学会上正式命名为北冰洋。

地球上的可再生资源

DIQIUSHANG DE KE ZAISHENG ZIYUAN

　　通过天然作用或人工活动能再生更新，而为人类反复利用的自然资源叫可再生资源（或称可更新资源、非耗竭性资源），如水能、风能、太阳能、生物质能、潮汐能、氢能、地热能等。可再生自然资源在现阶段自然界的特定时空条件下能持续再生更新、繁衍增长、保持或扩大其储量，依靠种源而再生。一旦种源消失，该资源就不能再生，从而要求科学地合理利用和保护物种种源，才可能再生，才可能"取之不尽，用之不竭"。

　　利用可再生资源可以减少原生资源的开采，最大限度地保护不可再生资源，因此它是对节能降耗、环境保护能起到有效作用的资源。

▎水能资源

　　水能是通过运用水的势能和动能转换成机械能或电能等形式从而被人们利用的能源资源。目前，水能的利用方式主要是水力发电，又称水电站。水力发电的优点是成本低、可连续再生、无污染，缺点是受分布、气候、地貌等自然条件的限制较大。中国的水能资源理论蕴藏量近7亿千瓦，是世界上水能资源总量最多的国家。

广义的水能资源包括河流能、潮汐能、波浪能、海流能、温差能等能量资源；狭义的水能资源指河流的水能资源。现今最易开发和利用得比较成熟的水能也是河流能源。

河流能发电

水的落差在重力作用下形成动能，从河流或水库等高位水源处向低位处引水，利用水的压力或者流速冲击水轮机，使之旋转，从而将水能转化为机械能，然后再由水轮机带动发电机旋转，切割磁力线产生交流电。

至于发电机的原理，高中物理讲得很清楚，其工作原理都基于电磁感应定律和电磁力定律。因此，其构造的一般原则是：用适当的导磁和导电材料构成互相进行电磁感应的磁路和电路，以产生电磁功率，达到能量转换的目的。

河道中水的位能在自然状态下绝大部分都消耗于沿途摩擦作用，或夹带沙石、冲刷河床等做功过程中。因此即使高山上的水流具有大量位能，但它向下流达海洋时，其位能也已消失殆尽。

因此，开发利用水的位能，首先必须将位能汇集一处，形成集中的水位差。例如在河道上筑坝壅高水位，或者修筑平缓的引水道与原河道间构成很大落差，或者利用天然瀑布等。然后，通过简单机械做功或通过水电站，将水能转变为电能。此外，在沿海地区，还可以利用海湾水面的潮汐涨落时所具有的位能，造成集中的水位差发电。

以具有位能或动能的水冲水轮机，水轮机即开始转动，若我们将发电机连接到水轮机，则发电机即可开始发电。如果我们将水位提高来冲水轮机，可发现水轮机转速增加。因此可知水位差愈大则水轮机所得动能愈大，可转换之电能愈高。

上游水的重力势能转化为水流的动能，水流通过水轮机时将动能传递给汽轮机，水轮机带动发电机转动将动能转化为电能。

由于水电站自然条件的不同，水轮发电机组的容量和转速的变化范围很大。通常小型水轮发电机和冲击式水轮机驱动的高速水轮发电机多采用卧式结构，而大、中型代速发电机多采用立式结构。由于水电站多数处在远离城市的地方，通常需要经过较长输电线路向负载供电，因此，电力系统对水轮发电机的运行稳定性提出了较高的要求。

潮汐能发电

潮汐所蕴藏的能量实在有着诱人的魅力。有人估算过，如果把地球上的潮汐能利用起来，每年可以发出 12 400 亿度的电来。

潮汐发电要比河水发电优越。它不受天气干旱的影响，也不需要因建造水库而占用耕地和移民拆迁。所以，潮汐是继煤、石油、水电之后的"第四能源"。河水发电有"白煤"之称。潮汐发电则被誉为"蓝色煤海"。

潮汐发电的原理和水力发电的原理大同小异，也是利用水的力量，通过水轮机将势能变成机械能．再由水轮机带动发电机将机械能变成电能。那么，怎么才能使水变得有力量呢？条件很简单，人们在合适的海湾口处建造起一座海堤，把入海口或海湾与大海隔开，形成水库，利用潮汐涨落时水位的升降，获得势能，从而推动水轮发电机组发电。

潮汐发电的方式，通常根据不同的建站方式和不同的运行方向来进行分类，一般分成三类。即：单库单向式潮汐发电——涨潮时，打开水闸闸门，让潮水涌进海湾水库，使水库水位随着潮位一同升高。到最高潮位时，立即关闭闸门，把库水和大海分隔开来，不让海湾水库里的水随落潮而退回大海。等到海潮退到一定的水位时。海湾水库的水位就高于大海的水位了，已经形成了水向低处流的条件，具备了做功的力量。这时，再把水库的闸门打开，让水库的水推动水轮机的叶片，带动发电机发电以后再流回大海。

这是最古老的一种潮汐发电形式，世界上第一个潮汐电站就是这样工作的。对于每天涨两次落两次的大海，这种电站每天就可以工作两次，发电 10 ~ 12 个小时。

随着时间的推移，人们发现这种发电方式并没有把水的力量充分利用起来。须知，具有一定落差和流量的水流，对人类来说实在太宝贵了，它能够为人类贡献力量，白白地让它流掉岂不可惜！这样，人们又开始研制一种新型的水轮机。经过艰苦的探索这种新型的水轮机问世了。这种水轮机既可以顺转，也可以倒转，再给它配上可以正反转的发电机，就成了可以正反方向运行的可逆式水轮发电机组。这样，不论海水是涨潮还是落潮，我们都可以利用潮水发出电来。

潮汐发电在世界各国中发展是不平衡的，其中以法国、俄罗斯、英国和加拿大等国发展较快，并取得了一些成就。现在他们已经建成年发电量 5 亿多度的潮汐发电站，并且正向着巨型和超巨型的潮汐发电站进展。

我国从 1955 年开始建设潮汐发电站以来，经历了两次开发高潮。第一次是在 1958 年前后，在一年之内，全国沿海各省区相继兴建了 40 多座小型潮汐电站，装机容量为 583 千瓦，最大的 144 千瓦，但随后不久，多数潮汐电站都废弃或停办了，迄今正常运行者甚少。1970 年以后又出现了第二次建设潮汐电站的高潮，建成了一些成功的小型潮汐电站。

虽然潮汐能的利用具有悠久的历史，然而发展却很缓慢，与潮汐的潜在能量相比，其利用率微乎其微。造成这种现象的主要原因是潮位的有效落差低。即使像芬迪湾那样潮差最大的海面，潮差仍然低于河水发电的水位，更不用说世界上绝大多数沿岸地区潮差远远低于这个量值。

潮汐能是一种取之不尽、用之不竭的天然能源，随着科技的发展，21 世纪潮汐能源的利用，必将给人类带来巨大利益。

潮汐能发电

波浪能发电

全球的波浪能功率分布，在太平洋与大西洋中纬度海域（北纬30°~40°），存在着两个波浪能密度的峰值区，最高可达80千瓦~90千瓦/米。地球上南纬40°~60°的地方，洋面开阔，永远刮着固定的西风，它能掀起20多米高的海浪，像山峰一样涌上航船的甲板，水手们把这个地区叫做"咆哮的40°"、"发疯的50°"。因此，它也是波浪能密度分布最大的地区。据初步估算，最常出现的波浪能密度大约为200千瓦/米。海洋中所蕴藏的波浪能功率为27万亿千瓦，每年的波浪能总量为23万亿千瓦小时。

利用波浪能，从原理上来说，大致可以分为利用波浪的垂直运动、水平运动，利用波浪的动压、静压，利用波浪水质点的运动等方式。

1898年，弗勒特切尔从气泵给自行车打气中受到了启发。他认为，把皮塞拉上拉下这种单调的工作，波浪是可以胜任的。于是设计了一个带有圆柱筒和活塞的浮标，用波浪运动去压缩空气，再去吹动一个警笛，用来导航和发布大浪警报。

美国斯克里普斯海洋研究所和海洋研究基金会设计出一种新的功率泵，这种波浪泵是由垂直运动的管子（包括平阀门）和海面浮标两部分构成。当浮标向上运动时，管中的水柱按惯性作用要向下运动，但由于阀门适时地关闭，水柱无法下降；当浮标随波浪向下运动时，惯性力又使水柱继续向上运动，冲开阀门，水柱不断积累升高，一直到管中水柱的高度能带动透平为止，就可使发电机发出电来。

而在20世纪初，萨乌尼斯就设计出一种利用波浪压力的水平转子，它就像一个风速计上旋转的风标一样。利用作用在平面和凸面上的压力差推动转子旋转，然后带动一个水泵工作。1929年摩纳哥海洋研究所的M.赖查尔茨利用这个原理，制造出了试验样机。该样机由3个转子构成，每个转子的有效利用面积为3平方米。它的抽水能力是1200升/小时，把水送到50米高的水池中，利用水位差来发电。这个装置的工作效率最高为26%~30%，和以前设计相比，效率没有显著提高。

为了提高工作效率，在20世纪70年代，英国人萨蒂尔在水平转子的基础上，制造了一种叫做"摇摆鸭子"的装置。这个系统的关键是一个专门设计的轮，当波浪从前面打击这个非对称的"鸭形"物体时，叶轮就围绕着固定的中心轴上下摇摆起来。叶轮的摇摆带动着工作泵，工作泵又带动发电机发出电来。

就波浪能发电的经济性来说，现在大都倾向于小型波浪能发电机。作为大型波浪能发电装置，工程投资大，因而不可能广泛应用。但是，如果把这种大型波浪能发电装置作为一种消波设施来代替价值昂贵的传统的防波堤，还是值得人们重视的。

温差能发电

人们发现利用海洋能量的最好前景莫过于利用被太阳光晒热的表层海水与海面下 4000 米处冷海水之间的温差来发电，即海洋热能转换发电。如果把赤道附近的表层海水作为热源，4000 米左右的底层海水作为冷源，上下层温差可达 26℃ 以上，那就完全可以用作温差发电。

第一个用实验证明海水温差可以发电的是法国科学家克劳德和布谢罗。克劳德用真空泵将烧瓶内的空气抽出，使烧瓶内压力只有大气压力的 1/25 时，温水就沸腾起来。原来，在 10 万帕斯卡正常压力下，水的沸点是 100℃，而当气压降低时，水的沸点也随之降低。当水的压力只有大气压力的 1/25 时，水的沸点为 25℃。水沸腾后迅速变为水蒸气，从喷嘴喷出的高速水蒸气流推动着涡轮转动（大约是 5000 转/分），涡轮又带动发电机，从而发出电来。水蒸气通过涡轮到达左边瓶子之后，由于瓶内冰块温度始终保持零度，水蒸气到这里遇冷就凝结为水，所以始终保持着低压，右边瓶中的水也就可以不断汽化。

第二次世界大战期间，法国因电力供应严重不足而想起了克劳德的一系列试验。法国准备建设一座以发电 7000 千瓦、日吸水 14 000 吨为目标的海洋温差发电站。它不仅可以发电，还可以开发溶解在海水中的资源和进行海水淡化试验。1948 年，法国在大西洋岸边的非洲象牙海岸（现称科特迪瓦）首都阿比让附近开始了这项工程的建设。

自阿比让温差发电站建成以后，温差发电的技术问题似乎已经基本解决。

其实不然，许多科学家认为以水蒸气作为工作流体是温差发电的致命弱点。

1966 年，美国人安德逊父子共同提出了一种闭式循环，以丙烷作为蒸发气体的发电装置，比利用低压水蒸气发电有更高的效率。因为丙烷的沸点是 $-42.17℃$，使用丙烷做介质，用 25℃ 的海水加热即可以迅速蒸发，而不需要人为地去制造低压。蒸发的蒸气通过管道推动涡轮发电，其蒸气密度比同温度下的水蒸气大 4 倍。用过的丙烷介质蒸气进入冷凝器，被海洋的深层冷水冷却后，又可经过液体加压器使其在高压下变为液态（而不是降到 $-42.17℃$ 进行液化）。然后再通过高压介质管道送回蒸发器，继续循环使用。

至今，除去利用丙烷作为蒸发介质之外，有些学者还提出其他 20 种蒸发介质，但普遍认为最合适的是氨、丁烷和氟利昂等一些制冷剂，这些物质也都是低沸点的。

水力发电的优越性

水力发电与燃煤发电相比无疑是清洁的能源。据测算，大体上每发 1 千瓦时火电（燃煤发电的通称）要向大气中排放 0.1 千克二氧化碳。空气中二氧化碳浓度的增加，将导致全球平均气温的升高，这就是通常所说的"温室效应"，这是现在全人类所面临的最大的环境问题。燃煤发电还排放出许多其他有害气体，主要有氮氧化合物、二氧化硫、一氧化碳和甲烷等，还排放出大量灰尘。有的城市和地区下起有害的"酸雨"或"墨雨"，就是空气中二氧化硫浓度过大所造成的。火电厂还产生大量废灰、废渣。要燃煤就要采煤，煤矿同样产生大量矸石、废渣、污水和废气。

大力开发水力发电来取代部分燃煤发电，就可以大量减少对环境的污染。以三峡水电站为例，每年可减少排放 1000 万吨二氧化碳、100 万～200 万吨二氧化硫、30 万～40 万吨氮氧化合物，1 万吨一氧化碳和 15 万吨灰尘（已按火电厂除尘效率 99% 计算）。毫无疑问，这是三峡水电站对环境保护的巨大贡献，也就是三峡工程巨大的环境效益的一部分。

水力发电与燃煤、燃油、核能发电相比又是廉价的能源。火电厂发电要烧煤或者烧油，按照我国现在平均水平，每发 1 千瓦时电要烧标准煤 423 克，折合原煤 595 克，折合原油 297.5 克，购买和运输大量燃料的费用，构成了火电发电成本中的重要部分，而核能发电成本比火电更高。

水力发电耗用的是水能，基本不需要燃料费，因此，我国水力发电的上网电价（售给电网每千瓦时电的结算价）是最低的。有人认为，建设水电站比建设一座同样规模的火电厂的投资大。对此问题许多专家已有过精确的计算，衡量一座火电厂的投资规模时，还必须把相应的煤矿、运煤铁路的投资加在一起才算合理，那就不比水电站的投资少了。

水力发电与燃煤、燃油、核能发电相比，能源是可再生的、永不枯竭的。煤炭、石油、天然气、核矿石都是埋藏在地下的矿藏，开采利用一吨，就减少一吨，不可能再生，况且资源再多，也有枯竭之时。而水力资源则是年年再生、永不枯竭的能源，各年之间只有丰水、平水或枯水之分，却无枯竭之虞。难怪有的人感叹地说："长江滚滚向东流，流的都是煤和油。"流经长江三峡的江水，如不加以利用，就相当于每年有 5000 万吨原煤或 2500 万吨原油白白流入了大海。

长江流域矿物能源缺乏而水能资源丰富，但现在水能资源的开发利用程度还很低，远远满足不了国民经济快速发展的需要，尤其满足不了西部大开发的需要。因此，在电力结构上，就必须"因地制宜"，大力优先开发水能资源，尽早实现"西电东送"，减轻"北煤南运"给铁路运输造成的压力。长江流域应当把优先发展水力发电作为搞好能源平衡的战略性措施。

知识点

三峡水电站

长江三峡是世界著名的大峡谷，可开发的水资源占全国 53%，是天下无双的水力资源"富矿"。在这里筑坝拦洪，兼收防洪、发电、航运之利，以综合治理开发长江，这是中国几代志士仁人的梦想。1992 年 4 月 3 日，全国七届人民代表大会通过了建设经过近一个世纪的风雨历程的三峡工程的决议，从此三峡工程开始走出梦境。

2008年10月29日，三峡水电站右岸电厂最后一台发电的机组——15号机组投产发电。至此，三峡水电站26台机组全部投产发电。

三峡工程的坝址是在三斗坪，大坝全长1983米，共装26台机组，总装机容量为1768万千瓦，年发电量840亿千瓦时，为现在全国发电量的1/8，相当于3个年产1500万吨的矿区，相当于14座120万千瓦的火电站，输电范围1000千米。

长江三峡水利枢纽工程简称"三峡工程"，是当今世界上最大的水利枢纽工程。三峡工程位于长江三峡之一的西陵峡的中段，坝址在三峡之珠——湖北省副省域中心城市宜昌市的三斗坪，三峡工程建筑由大坝、水电站厂房和通航建筑物三大部分组成。

 延伸阅读

三峡水电站如何发电

水利水电枢纽在大坝建成、水库蓄水后，大坝上游水库内的水位与大坝下游的水位，就形成了一定的水位差，专业术语称其为"水头"。具有一定水头和水量的水流，通过压力钢管冲动水轮机，和水轮机在一根主轴上的发电机也就跟着转动起来，即发出了强大的电力。也就是说，水库内的水的位能转变成水轮机的动能，水轮机的动能再转变成发电机发出的电能。

三峡水库正常蓄水位175米时，大坝下游的最低水位为62米，则三峡水电站的最大水头为113米；汛期限制水位为145米时，大坝下游的最高水位为74米，则三峡水电站的最小水头为71米，一年内的加权平均水头为90.1米。三峡工程第11年第一批机组发电时的上游水位为135米，汛期大坝下游的最高水位为74米，则三峡水电站初期运行时的最小水头为61米。单机容量为70万千瓦的水轮发电机组，额定工况下每秒钟需要通过的水量为950立

方米。具有上述水头和水量的水流，从底部高程为 110 米的水电站进水口，流入内径为 12.4 米的压力钢管，通过压力钢管再流入坝后式电站厂房的蜗壳，水流的巨大冲击力使水轮机以每分钟 75 转的速度转动起来，与水轮机在同一根主轴上的发电机也以同样的速度转动起来，即可发出强大的电力。

三峡水电站，无论从装机总容量来看，还是从多年平均年发电量来看，在一定时期内，都将是世界上第一大水电站。

三峡水电站左岸厂房安装 14 台水轮发电机组，右岸厂房安装 12 台，总共装机 26 台；单机容量 70 万千瓦，装机总容量为 1820 万千瓦。多年平均年发电量为 846.8 亿千瓦时，相当于我国 1992 年全年发电量的近 1/7。

风能资源

风是地球上的一种自然现象，它是由太阳辐射热引起的。太阳照射到地球表面，地球表面各处受热不同，产生温差，从而引起大气的对流运动形成风。风能存在于地球的任何地方，通常是利用专门的装置（风力机）将风力转化为机械能、电能、热能等各种形式的能量，用于提水、助航、发电、制冷和致热等。风力发电是目前主要的风能利用方式。到 2008 年为止，全世界以风力产生的电力约有 94.1 百万千瓦，供应的电力已超过全世界用量的 1%。风能虽然对大多数国家而言还不是主要的能源，但在 1999—2005 年之间已经成长了 4 倍以上。

风能资源决定于风能密度和可利用的风能年累积小时数。风能密度是单位迎风面积可获得的风的功率，与风速的三次方和空气密度成正比关系。据估算，全世界的风能总量约 1300 亿千瓦，中国的风能总量约 16 亿千瓦。

风能的优缺点

风能利用的优点：①风能为洁净的能量来源。②风能设施日趋进步，大量生产降低成本，在适当地点，风力发电成本已低于发电机。③风能设施多不为立体化设施，可保护陆地和生态。④风力发电是可再生能源，很环保。

风能利用的缺点：①风力发电在生态上的问题是可能干扰鸟类，如美国堪萨斯州的松鸡在风车出现之后已渐渐消失。目前的解决方案是离岸发电，离岸发电价格较高但效率也高。②在一些地区、风力发电的经济性不足：许多地区的风力有间歇性，更糟糕的情况是如台湾等地在电力需求较高的夏季及白日，是风力较少的时间；必须等待压缩空气等储能技术发展。③风力发电需要大量土地兴建风力发电场，才可以生产比较多的能源。④进行风力发电时，风力发电机会发出较大的噪声，所以要找一些空旷的地方来兴建。⑤现在的风力发电还未成熟，还有相当发展空间。

风能利用存在的问题：①风速不稳定，产生的能量大小不稳定；②风能利用受地理位置限制严重；③风能的转换效率低；④风能是新型能源，相应的使用设备也不是很成熟

世界风能发展状况

中国是世界上最早利用风能的国家之一。公元前数世纪中国人民就利用风力提水。灌溉、磨面、舂米，用风帆推动船舶前进。到了宋代更是中国应用风车的全盛时代，当时流行的垂直轴风车，一直沿用至今。在国外，公元前2世纪，古波斯人就利用垂直轴风车碾米。11世纪风车在中东已获得广泛的应用。13世纪风车传至欧洲，14世纪已成为欧洲不可缺少的原动机。在荷兰风车先用于莱茵河三角洲湖地和低湿地的汲水，以后又用于榨油和锯木。只是由于蒸汽机的出现，才使欧洲风车数目急剧下降。

人类利用风能的历史可以追溯到公元前，但数千年来，风能技术发展缓慢，没有引起人们足够的重视。但自1973年世界石油危机以来，在常规能源告急和全球生态环境恶化的双重压力下，风能作为新能源的一部分才重新有了长足的发展。风能作为一种无污染和可再生的新能源有着巨大的发展潜力，特别是对沿海岛屿，交通不便的边远山区，地广人稀的草原牧场以及远离电网和近期内电网还难以达到的农村、边疆，作为解决生产和生活能源的一种可靠途径，有着十分重要的意义。

美国早在1974年就开始实行联邦风能计划。其内容主要是：评估国家的风能资源；研究风能开发中的社会和环境问题；改进风力机的性能，降低造价；

主要研究为农业和其他用户用的小于 100 千瓦的风力机；为电力公司及工业用户设计的兆瓦级的风力发电机组。美国已于上世纪 80 年代成功地开发了 100、200、2000、2500、6200、7200 千瓦的 6 种风力机组。目前美国已成为世界上风力机装机容量最多的国家，超过 2×10^4 兆瓦，每年还以 10% 的速度增长。

现在世界上最大的新型风力发电机组已在夏威夷岛建成运行，其风力机叶片直径为 97.5 米，重 144 吨，风轮迎风角的调整和机组的运行都由计算机控制，年发电量达 1000 万千瓦。根据美国能源部的统计，至 1990 年美国风力发电已占总发电量的 1%。在瑞典、荷兰、英国、丹麦、德国、日本、西班牙，也根据各自国家的情况制定了相应的风力发电计划。如瑞典 1990 年风力机的装机容量已达 350 兆瓦，年发电 10 亿千瓦。

发展至今，利用风来产生电力所需的成本已经降低许多，即使不含其他外在的成本，在许多适当地点使用风力发电的成本已低于燃油的内燃机发电了。风力发电年增率在 2002 年时约 25%，现在则是以每年 38% 的比例快速成长。2003 年美国的风力发电成长就超过了所有发电机的平均成长率。自 2004 年起，风力发电更成为在所有新式能源中已是最便宜的了。在 2005 年风力能源的成本已降到 1990 年代时的 1/5，而且随着大瓦数发电机的使用，下降趋势还会持续。

位于西班牙东北方亚拉贡的穆埃拉，总面积为 143.5 平方千米。1980 年起，新任市长看好充沛的东北风资源而极力推动风力发电。近 20 年来，已陆续建造 450 座风机（额定容量为 237 兆瓦），为地方带来丰富的利益。当地政府并借此规划完善的市镇福利，吸引了许多人移居至此，短短 5 年内，居民已由

"风车之国" 荷兰

4000 人增至 12 000 人。穆埃拉已由不知名的荒野小镇变成众所皆知的观光休闲好去处。法国西北方的布安原本以临海所产之牡蛎及海盐著名，2004 年 7 月 1 日起，8 座风力发电机组正式运转，这 8 座风机与牡蛎、海盐三项，同时成为

此镇之观光特色，吸引大批游客从各地涌进参观，带来丰沛的观光收入。

我国风能资源储量

我国位于亚洲大陆东部，濒临太平洋，季风强盛，内陆还有许多山系，地形复杂，加之青藏高原耸立我国西部，改变了海陆影响所引起的气压分布和大气环流，增加了我国季风的复杂性。冬季风来自西伯利亚和蒙古等中高纬度的内陆，那里空气十分严寒干燥冷空气积累到一定程度，在有利高空环流引导下，就会爆发南下俗称寒潮，在此频频南下的强冷空气控制和影响下，形成寒冷干燥的西北风侵袭我国北方各省（直辖市、自治区）。每年冬季总有多次大幅度降温的强冷空气南下，主要影响我国西北、东北和华北，直到次年春夏之交才消失。夏季风是来自太平洋的东南风、印度洋和南海的西南风，东南季风影响遍及我国东半壁，西南季风则影响西南各省和南部沿海，但风速远不及东南季风大。热带风暴是太平洋西部和南海热带海洋上形成的空气涡漩，是破坏力极大的海洋风暴，每年夏秋两季频繁侵袭我国，登陆我国南海之滨和东南沿海，热带风暴也能在上海以北登陆，但次数很少。青藏高原地势高亢开阔，冬季东南部盛行偏南风，东北部多为东北风，其他地区一般为偏西风，夏季大约以唐古拉山为界，以南盛行东南风，以北为东至东北风。

我国幅员辽阔，陆疆总长达 2 万多千米，还有 18 000 多千米的海岸线，边缘海中有岛屿 5000 多个，风能资源丰富。我国现有风电场场址的年平均风速均达到 6 米/秒以上。一般认为，可将风电场风况分为三类：年平均风速6 米/秒以上时为较好；7 米/秒以上为好；8 米/秒以上为很好。可按风速频率曲线和机组功率曲线，估算国际标准大气状态下该机组的年发电量。我国相当于 6 米/秒以上的地区，在全国范围内仅仅限于较少数几个地带。就内陆而言，大约仅占全国总面积的 1%，主要分布在长江到南澳岛之间的东南沿海及其岛屿，这些地区是我国最大的风能资源区以及风能资源丰富区，包括山东、辽东半岛、黄海之滨，南澳岛以西的南海沿海、海南岛和南海诸岛，内蒙古从阴山山脉以北到大兴安岭以北，新疆达坂城，阿拉山口，河西走廊，松花江下游，张家口北部等地区以及分布各地的高山山口和山顶。

中国属于能源进口大国，利用可再生能源是当务之急，特别是在中国风能资源丰富的广大的农村地区，中国政府应加大对风电设备的购买补贴，包括太阳能电池板屋顶的补贴，如果全国农村家用电能做到一半自给，能可以节约电能每年 20 亿度以上。

中国风能资源总储量为 32.26 亿千瓦，其中实际可开发利用的风能资源储量为 2.53 亿千瓦。

东南沿海及其附近岛屿是风能资源丰富地区，有效风能密度大于或等于每平方米 200 瓦的等值线平行于海岸线；沿海岛屿有效风能密度在每平方米 300 瓦以上，全年中风速大于或等于每秒 3 米的时数约为 7000 小时~8000 小时，大于或等于每秒 6 米的时数为 4000 小时。

新疆北部、内蒙古、甘肃北部也是中国风能资源丰富地区，有效风能密度为每平方米 200 瓦~每平方米 300 瓦，全年中风速大于或等于每秒 3 米的时数为 5000 小时以上，全年中风速大于或等于每秒 6 米的时数为 3000 小时以上。

黑龙江、吉林西部、河北北部及辽东半岛的风能资源也较好，有效风能密度在每平方米 200 瓦以上，全年中风速大于和等于每秒 3 米的时数为 5000 小时，全年中风速大于和等于每秒 6 米的时数为 3000 小时。

青藏高原北部有效风能密度在每平方米在 150 瓦~每平方米 200 瓦之间，全年风速大于和等于每秒 3 米的时数为 4000 小时~5000 小时，全年风速大于和等于每秒 6 米的时数为 3000 小时；但青藏高原海拔高、空气密度小，所以有效风能密度也较低。

云南、贵州、四川、甘肃、陕西南部、河南、湖南西部、福建、广东、广西的山区及新疆塔里木盆地和西藏的雅鲁藏布江，为风能资源贫乏地区，有效风能密度在每平方米 50 瓦以下，全年中风速大于和等于每秒 3 米的时数在 2000 小时以下，全年中风速大于和等于每秒 6 米的时数在 150 小时以下，风能潜力很低。

风能发展前景

从目前的技术成熟度和经济可行性来看，风能极具竞争力。从中期来看，全球风能产业的前景相当乐观，各国政府不断出台的可再生能源鼓励政策，将为该产业未来几年的迅速海上风能的开发发展提供巨大动力。

根据预计，未来几年亚洲和美洲将成为最具增长潜力的地区。中国的风电装机容量将实现每年30%的高速增长，印度风能也将保持每年23%的增长速度。印度鼓励大型企业进行投资发展风电，并实施优惠政策激励风能制造基地，目前印度已经成为世界第五大风电生产国。而在美国，随着新能源政策的出台，风能产业每年将实现25%的超常发展。在欧洲，德国的风电发展处于领先地位，其中风电设备制造业已经取代汽车制造业和造船业。在近期德国制定的风电发展长远规划中指出，到2025年风电要实现占电力总用量的25%，到2050年实现占总用量50%的目标。而一直以来在风能领域处于领先地位的欧洲国家增长速度将放慢，预计在2015年前将保持每年15%的增长速度。其中最早发展风能的国家如德国、丹麦等陆上风电场建设基本趋于饱和，下一步主要发展方向是海上风电场和设备更新。英国、法国等国仍有较大潜力，增长速度将高于15%的平均水平。目前，德国仍然是全球风电技术最为先进的国家。德国风电装机容量占全球的28%，而德国风电设备生产总额占到全球市场的37%。在国内市场逐渐饱和的情况下，出口已成为德国风电设备公司的主要增长点。

 知识点

季 风

　　现代气象学意义上季风的概念是17世纪后期由哈莱（Halley）首先提出来的，即季风是由太阳对海洋和陆地加热差异形成的，进而导致了大气中气压的差异。夏季时，由于海洋的热容量大，加热缓慢，海面较冷，气压高，而大陆由于热容量小，加热快，形成暖低压，夏季风由冷洋面吹向暖大陆；冬季时则正好相反，冬季风由冷大陆吹向暖洋面。这种由于下垫面热力作用不同而形成的海陆季风也是最经典的季风概念。到18世纪上半叶，哈得莱（Hadley）对季风模型进行了补充和修正。他指出，按照哈莱的理论，南亚地区阿拉伯海至印度的季风应该是夏季吹南风，冬季吹北风，但实际观测到的却是夏季吹西南风，冬季吹东北风。这是因为夏季当气流从南半球跨越赤道进入北半球时，由于地

球的自转效应，气流会受到一个向右的惯性力作用，这个力就是地转偏向力（科里奥利力）。由于地转偏向力的作用，气流在向北的运行过程中向右偏，形成了西南风。

延伸阅读

"风车之国" 荷兰

人们常把荷兰称为"风车之国"，荷兰是欧洲西部一个只有1000多万人口的国家。它的真正国名叫"尼德兰"，意为"低洼之国"。荷兰全国1/3的面积只高出北海海面1米，近1/4低于海平面。荷兰坐落在地球的盛行西风带，一年四季盛吹西风。同时它濒临大西洋，又是典型的海洋性气候国家，海陆风长年不息。这就给缺乏水力、动力资源的荷兰，提供了利用风力的优厚补偿。

1229年，荷兰人发明了第一座为人类提供动力的风车，从此风车成为荷兰民族文化的象征。荷兰人把每年5月的第二个星期六确定为"风车日"，这一天全国的风车一齐转动，举国欢庆。

随着荷兰人民围海造陆工程的大规模开展，风车在这项艰巨的工程中发挥了巨大的作用。根据当地的湿润多雨、风向多变的气候特点，他们对风车进行了改革。首先是给风车配上活动的顶篷。此外，为了能四面迎风，他们又把风车的顶篷安装在滚轮上。这种风车被称为荷兰式风车。

太阳能资源

太阳能是太阳内部或者表面的黑子连续不断的核聚变反应过程产生的能量。地球轨道上的平均太阳辐射强度为每平方米1369W。地球赤道的周长为40 000千瓦，从而可计算出，地球获得的能量可达173 000TW。在海平面上的标准峰值强度为每平方米1千瓦，地球表面某一点24小时的年平均辐射强度为每平方米 0.20 千瓦，相当于有 102 000TW 的能量，人类依赖这些能量维持生存，其中包括所有其他形式的可再生能源（地热能资源除外），虽然太阳能资源总量相当于现在人类所利用的能源的一万多倍，但太阳能的能量密度低，而且它因地而异，因时而变，这是开发利用太阳能面临的主要问题。太阳能的这些特点会使它在整个综合能源体系中的作用受到一定的限制。

尽管太阳辐射到地球大气层的能量仅为其总辐射能量的二十二亿分之一，但已高达 173 000TW，也就是说太阳每秒钟照射到地球上的能量就相当于 500 万吨煤。如果以平方米计算，每秒照射到地球的能量则为 49.94 亿焦。地球上的风能、水能、海洋温差能、波浪能和生物质能以及部分潮汐能都是来源于太阳；即使是地球上的化石燃料（如煤、石油、天然气等）从根本上说也是远古以来贮存下来的太阳能，所以广义的太阳能所包括的范围非常大，狭义的太阳能则限于太阳辐射能的光热、光电和光化学的直接转换。

太阳能既是一次能源，又是可再生能源。它资源丰富，既可免费使用，又无需运输，对环境无任何污染。为人类创造了一种新的生活形态，使社会及人类进入一个节约能源减少污染的时代。

利用太阳能的途径

利用太阳能有两种途径：光利用和热利用。

太阳辐射的光子能引起物质的物理和化学变化，光利用有三种主要形式：

（1）光合技术。即生物转换，植物通过光合作用产生出有机物质，这些有机质作为燃料时，可以直接燃烧，也可以加工成沼气或乙醇等，我们将在下一部分"柴草木禾的重新开发——生物质能"中详述；

（2）光化学技术。即把化合物分解，如把水分解成氢和氧，然后把氢作为燃料，这种方法目前的效率还很低；

（3）光电技术。即用太阳能电池直接把太阳能转换成直流电能。光电技术为没有电网的边远地区提供电力开辟了道路。光电技术发展很快，硅太阳电池板的转换效率从 5% 提高到将近 20%，太阳能电池从单晶硅发展到多晶硅和非晶硅，后两种虽然转换效率稍低，但成本大大下降，每峰瓦（在太阳能密度每平方米 1 千瓦）的成本从 50 美元降到 5 美元以下。

太阳能的热利用也可以分为三种：

（1）高温系统。用旋转抛物面反射镜组成盘状集热器，持续追踪太阳光，将热量集中起来，驱动热机发电。单机发电功率可达25千瓦。现已制成3万千瓦～5万千瓦的太阳能汽轮发电机系统。

（2）中温系统。用柱状抛物面反射镜把阳光集中在管状吸收器上，用来生产工业用蒸汽。

（3）低温系统。在100℃以下温度运行，主要用于建筑物采暖和制冷以及供应热水。

太阳能利用的优缺点

太阳能利用的优点

（1）普遍：太阳光普照大地，没有地域的限制。无论陆地或海洋，无论高山或岛屿，处处皆有，可直接开发和利用，且无须开采和运输。

（2）无害：开发利用太阳能不会污染环境，它是最清洁能源之一，在环境污染越来越严重的今天，这一点是极其宝贵的。

（3）巨大：每年到达地球表面上的太阳辐射能约相当于130万亿吨煤，其总量属现今世界上可以开发的最大能源。

（4）长久：根据目前太阳产生的核能速率估算，氢的贮量足够维持上百亿年，而地球的寿命也约为几十亿年，从这个意义上讲，可以说太阳的能量是用之不竭的。

太阳能利用的缺点

（1）分散性：到达地球表面的太阳辐射的总量尽管很大，但是能流密度很低。平均说来，北回归线附近，夏季在天气较为晴朗的情况下，正午时太阳辐射的辐照度最大，在垂直于太阳光方向1平方米面积上接收到的太阳能平均有1千瓦左右；若按全年日夜平均，则只有200瓦左右。而在冬季大致只有一半，阴天一般只有1/5左右，这样的能流密度是很低的。因此，在利用太阳能时，想要得到一定的转换功率，往往需要面积相当大的一套收集和转换设备，造价较高。

（2）不稳定性：由于受到昼夜、季节、地理纬度和海拔高度等自然条件的限制以及晴、阴、云、雨等随机因素的影响，所以，到达某一地面的太阳辐照度既是间断的，又是极不稳定的，这给太阳能的大规模应用增加了难度。为了使太阳能成为连续、稳定的能源，从而最终成为能够与常规能源相竞争的替代能源，就必须很好地解决蓄能问题，即把晴朗白天的太阳辐射能尽量贮存起来，以供夜间或阴雨天使用，但目前蓄能也是太阳能利用中较为薄弱的环节之一。

利用太阳能设计图

（3）效率低和成本高：目前太阳能利用的发展水平，有些方面在理论上是可行的，技术上也是成熟的。但有的太阳能利用装置，因为效率偏低，成本较高，总的来说，经济性还不能与常规能源相竞争。在今后相当一段时期内，太阳能利用的进一步发展，主要受到经济性的制约。

太阳能开发的历史

据记载，人类利用太阳能已有 3000 多年的历史。将太阳能作为一种能源和动力加以利用，只有 300 多年的历史。真正将太阳能作为"近期急需的补充能源"，"未来能源结构的基础"，则是近来的事。20 世纪 70 年代以来，太阳能科技突飞猛进，太阳能利用日新月异。近代太阳能利用历史可以从 1615 年法国工程师所罗门·德·考克斯在世界上发明第一台太阳能驱动的发动机算起。该发明是一台利用太阳能加热空气使其膨胀做功而抽水的机器。在 1615～1900 年之间，世界上又研制成多台太阳能动力装置和一些其他太阳能装置。这些动力装置几乎全部采用聚光方式采集阳光，发动机功率不大，工质主要是水蒸气，价格昂贵，实用价值不大，大部分为太阳能爱好者个人研究制造。20 世纪的 100 年间，太阳能科技发展历史大体可分为七个阶段。

第一阶段（1900～1920 年）

在这一阶段，世界上太阳能研究的重点仍是太阳能动力装置，但采用的聚光方式多样化，且开始采用平板集热器和低沸点工质，装置逐渐扩大，最大输出功率达 73.64 千瓦，实用目的比较明确，造价仍然很高。建造的典型装置有：1901 年，在美国加州建成一台太阳能抽水装置，采用截头圆锥聚光器，功率：7.36 千瓦；1902～1908 年，在美国建造了五套双循环太阳能发动机，采用平板集热器和低沸点工质；1913 年，在埃及开罗以南建成一台由 5 个抛物槽镜组成的太阳能水泵，每个长 62.5 米，宽 4 米，总采光面积达 1250 平方米。

第二阶段（1920～1945 年）

在这 20 多年中，太阳能研究工作处于低潮，参加研究工作的人数和研究项目大为减少，其原因与矿物燃料的大量开发利用和发生第二次世界大战（1935～1945 年）有关，而太阳能又不能解决当时对能源的急需，因此使太阳能研究工作逐渐受到冷落。

第三阶段（1945～1965 年）

在第二次世界大战结束后的 20 年中，一些有远见的人士已经注意到石油和天然气资源正在迅速减少，呼吁人们重视这一问题，从而逐渐推动了太阳能研究工作的恢复和开展，并且成立太阳能学术组织，举办学术交流和展览会，再次兴起太阳能研究热潮。在这一阶段，太阳能研究工作取得一些重大进展，比较突出的有：1945 年，美国贝尔实验室研制成实用型硅太阳电池，为光伏发电大规模应用奠定了基础；1955 年，以色列泰伯等在第一次国际太阳热科学会议上提出选择性涂层的基础理论，并研制成实用的黑镍等选择性涂层，为高效集热器的发展创造了条件。此外，在这一阶段里还有其他一些重要成果，比较突出的有：1952 年，法国国家研究中心在比利牛斯山东部建成一座功率为 50 千瓦的太阳炉。1960 年，在美国佛罗里达建成世界上第一套用平板集热器供热的氨——水吸收式空调系统，制冷能力为 5 冷吨。1961 年，一台带有石英窗的斯特林发动机问世。在这一阶段里，加强了太阳能基

础理论和基础材料的研究，取得了如太阳选择性涂层和硅太阳电池等技术上的重大突破。平板集热器有了很大的发展，技术上逐渐成熟。太阳能吸收式空调的研究取得进展，建成一批实验性太阳房。对难度较大的斯特林发动机和塔式太阳能热发电技术进行了初步研究。

第四阶段（1965～1973年）

这一阶段，太阳能的研究工作停滞不前，主要原因是太阳能利用技术处于成长阶段，尚不成熟，并且投资大，效果不理想，难以与常规能源竞争，因而得不到公众、企业和政府的重视和支持。

第五阶段（1973～1980年）

自从石油在世界能源结构中担当主角之后，石油就成了左右经济和决定一个国家生死存亡、发展和衰退的关键因素，1973年10月爆发中东战争，石油输出国组织采取石油减产、提价等办法，支持中东人民的斗争，维护该国的利益。其结果是使那些依靠从中东地区大量进口廉价石油的国家，在经济上遭到沉重打击。于是，西方一些人惊呼：世界发生了"能源危机"（有的称"石油危机"）。这次"危机"在客观上使人们认识到：现有的能源结构必须彻底改变，应加速向未来能源结构过渡。从而使许多国家，尤其是工业发达国家，重新加强了对太阳能及其他可再生能源技术发展的支持，在世界上再次兴起了开发利用太阳能热潮。

1973年，美国制定了政府级阳光发电计划，太阳能研究经费大幅度增长，并且成立太阳能开发银行，促进太阳能产品的商业化。日本在1974年公布了政府制定的"阳光计划"，其中太阳能的研究开发项目有：太阳房、工业太阳能系统、太阳热发电、太阳电池生产系统、分散型和大型光伏发电系统等。为实施这一计划，日本政府投入了大量人力、物力和财力。

20世纪70年代初世界上出现的开发利用太阳能热潮，对中国也产生了巨大影响。一些有远见的科技人员纷纷投身太阳能事业，积极向政府有关部门提建议，出书办刊，介绍国际上太阳能利用动态；在农村推广应用太阳灶，在城市研制开发太阳能热水器，空间用的太阳电池开始在地面应用……

1975 年，在河南安阳召开"全国第一次太阳能利用工作经验交流大会"，进一步推动了中国太阳能事业的发展。这次会议之后，太阳能研究和推广工作纳入了中国政府计划，获得了专项经费和物资支持。一些大学和科研院所，纷纷设立太阳能课题组和研究室，有的地方开始筹建太阳能研究所。当时，中国也兴起了开发利用太阳能的热潮。

这一时期，太阳能开发利用工作处于前所未有的大发展时期，具有以下特点：

各国加强了太阳能研究工作的计划性，不少国家制定了近期和远期阳光计划。开发利用太阳能成为政府行为，支持力度大大加强。国际间的合作十分活跃，一些第三世界国家开始积极参与太阳能开发利用工作。

研究领域不断扩大，研究工作日益深入，取得一批较大成果，如 CPC、真空集热管、非晶硅太阳电池、光解水制氢、太阳能热发电等。

各国制定的太阳能发展计划，普遍存在要求过高、过急问题，对实施过程中的困难估计不足，希望在较短的时间内取代矿物能源，实现大规模利用太阳能。例如，美国曾计划在 1985 年建造一座小型太阳能示范卫星电站，1995 年建成一座 500 万千瓦空间太阳能电站。事实上，这一计划后来进行了调整，至今空间太阳能电站还未升空。

太阳热水器、太阳电池等产品开始实现商业化，太阳能产业初步建立，但规模较小，经济效益尚不理想。

第六阶段（1980～1992 年）

20 世纪 70 年代兴起的开发利用太阳能热潮，进入 80 年代后不久开始落潮，逐渐进入低谷。世界上许多国家相继大幅度削减太阳能研究经费，其中美国最为突出。导致这种现象的主要原因是：世界石油价格大幅度回落，而太阳能产品价格居高不下，缺乏竞争力；太阳能技术没有重大突破，提高效率和降低成本的目标没有实现，以致动摇了一些人开发利用太阳能的信心；核电发展较快，对太阳能的发展起到了一定的抑制作用。受 80 年代国际上太阳能低落的影响，中国太阳能研究工作也受到一定程度的削弱，有人甚至提出：太阳能利用投资大、效果差、贮能难、占地广，认为太阳能是未来能源，

主张外国研究成功后中国引进技术。虽然，持这种观点的人是少数，但十分有害，对中国太阳能事业的发展造成不良影响。这一阶段，虽然太阳能开发研究经费大幅度削减，但研究工作并未中断，有的项目还进展较大，而且促使人们认真地去审视以往的计划和制定的目标，调整研究工作重点，争取以较少的投入取得较大的成果。

第七阶段（1992 年～至今）

由于大量燃烧矿物能源，造成了全球性的环境污染和生态破坏，对人类的生存和发展构成威胁。在这样背景下，1992 年联合国在巴西召开"世界环境与发展大会"，会议通过了《里约热内卢环境与发展宣言》《21 世纪议程》和《联合国气候变化框架公约》等一系列重要文件，把环境与发展纳入统一的框架，确立了可持续发展的模式。这次会议之后，世界各国加强了清洁能源技术的开发，将利用太阳能与环境保护结合在一起，使太阳能利用工作走出低谷，逐渐得到加强。世界环发大会之后，中国政府对环境与发展十分重视，提出 10 条对策和措施，明确要"因地制宜地开发和推广太阳能、风能、地热能、潮汐能、生物质能等清洁能源"，制定了《中国 21 世纪议程》，进一步明确了太阳能重点发展项目。

1995 年国家计委、国家科委和国家经贸委制定了《新能源和可再生能源发展纲要》，明确提出中国在 1996～2010 年新能源和可再生能源的发展目标、任务以及相应的对策和措施。这些文件的制定和实施，对进一步推动中国太阳能事业发挥了重要作用。

1996 年，联合国在津巴布韦召开"世界太阳能高峰会议"，会后发表了《哈拉雷太阳能与持续发展宣言》，会上讨论了《世界太阳能 10 年行动计划》（1996～2005 年）《国际太阳能公约》《世界太阳能战略规划》等重要文件。这次会议进一步表明了联合国和世界各国对开发太阳能的坚定决心，要求全球共同行动，广泛利用太阳能。

1992 年以后，世界太阳能利用又进入一个发展期，其特点是：太阳能利用与世界可持续发展和环境保护紧密结合，全球共同行动，为实现世界太阳能发展战略而努力；太阳能发展目标明确，重点突出，措施得力，有利于克服以往忽冷忽热、过热过急的弊端，保证太阳能事业的长期发展；在加大太阳能研究开发力度的同时，注意科技成果转化为生产力，发展太阳能产业，加速商业化进程，扩大太阳能利用领域和规模，经济效益逐渐提高；国际太阳能领域的合作空前活跃，规模扩大，效果明显。

通过以上回顾可知，在20世纪100年间太阳能发展道路并不平坦，一般每次高潮期后都会出现低潮期。太阳能利用的发展历程与煤、石油、核能完全不同，人们对其认识差别大，反复多，发展时间长。这一方面说明太阳能开发难度大，短时间内很难实现大规模利用；另一方面也说明太阳能利用还受矿物能源供应，政治和战争等因素的影响，发展道路比较曲折。尽管如此，从总体来看，20世纪取得的太阳能科技进步仍比以往任何一个世纪都快。太阳能如今是人们生活中不可缺少的一部分。

美好的前景

国际太阳能会议发表了一个题为"伟大的太阳能挑战"的报告。里面讲到，21世纪应是太阳能世纪，只要把地球接收到的太阳能的0.01%加以利用，就可以满足全世界对能源的需求。一些专家估计，到21世纪中期全世界消耗的电力的20%～30%将由太阳能电池供给。

科学家设想，太阳能电池可以做得很大，建在无人居住的沙漠或荒野上，也可以把太阳能电池板漂浮在海上。这虽然能大面积接收太阳光照，但仍受夜晚、季节和气候的限制。那么，能不能摆脱这些限制呢？

有可能！让我们把太阳能电池板像人造卫星一样发射到大气层外面去！巨大的太阳能电池板怎么发射到那么高的同步轨道上去？可以先用航天飞机或大型运载火箭把预制部件送到低轨道上进行装配，再用离子推进装置把装配好的电站送到同步轨道。把太阳能电池发出的电送回地面也不容易，科学家想出的办法是把发出的电转换成微波束，发射到地面的接收装置，再转换成电能，通过电网送给用户。也可以在卫星轨道上装配一个巨大的反射镜，把太阳光直接反射到地面上的接收站，那么，这个地区将永远是白天。不知人们住在这样的地方能否习惯？

另一设想是建立太阳能——氢能系统。接收的太阳能一部分转换成电，更大部分用来制氢。产生的氢能，一部分用于当地夜间或电力高峰负荷时的需要，剩下的氢用管道输送到能源消费中心，然后将氢供民用、工业用或发电用。太阳能制氢的方法有多种，如用太阳能电池发电，再用电来分解水制氢；可聚焦太阳光，产生高温将水直接分解成氢或氧；用半导体悬浮体系的光催化，让太阳光直接分解水，即光催化反应；或应用生物工程方法，通过能利用太阳能藻类或其他植物、微生物进行生物制氢。

这样，我们在将来就有一种可能：不要发电厂和大电网，每家自己发电供自己用！白天，全家人上班、上学，房顶上的太阳能收集器接收了太阳能，自动制氢，再把制好的氢存储起来供人们晚上回来用。一般来说，整个白天接收的太阳能应够一个晚上用的了。如不够，还有像煤气罐一样的储氢罐（用储氢合金来储氢）和像煤气管道一样的输氢管道。汽车也可以用储氢罐取代油箱，储氢罐可像充电电池那样，一旦氢用尽，可自己接通输氢管来充氢。

知识点

津巴布韦

　　津巴布韦共和国是非洲国家，1980 年 4 月 18 日独立建国。津巴布韦意为"石头城"，境内已发现200 多处"石头城"遗迹，其中"大津巴布韦遗址"世界闻名。地理上，位于非洲东南部内陆，维多利亚瀑布、赞比河、赞比西河上游的卡里巴水坝与大坝拦阻河水积蓄而成的卡里巴湖共同围成津巴布韦北边的疆界，与赞比亚相邻。津巴布韦的东边国界全部与莫桑比克相邻，西南为博茨瓦纳，南境则有一部分与南非相连，以林波波河为界。面积约39.1 万平方千米。全国大部属热带草原气候，年均气温22℃，10 月份温度最高，达32℃，7 月份温度最低，约13℃～17℃。

　　津巴布韦约有 12382920 人口（2008 年 7 月），其中非裔黑人占了98%，混血与亚裔人种占1%，白人则占1% 不到。英语是津巴布韦的官方语言，并与修纳语和恩德贝莱语并列为主要语言。

延伸阅读

法国太阳炉和美国太阳日

一般认为，真正大规模地利用太阳能，是以法国比利牛斯山巅的巨大的太阳炉为象征的。1973 年，法国国家科研中心在南部比利牛斯山上的奥德约山村，修建了世界上第一个最大的太阳炉。即使到今天，它依然是世界上最大的太阳炉。它是由 9000 块反射镜组成的、总面积达 2500 平方米、有 9 层楼那么高的聚光器，把安装在对面山上的 63 块巨型平面镜反射过来阳光，聚集到前面高塔上的炉子里，能够产生 3000℃ 的高温，可以在 30 秒钟内把钢轨烧个洞。除了用它进行高温科学研究外，这座太阳炉每天还能生产两三吨氧化锆和氧化钍等耐火材料。

从此以后，世界上许多国家都把研究太阳能的开发和利用作为重要的能源战略和政策。例如，1978 年美国总统卡特宣布，每年的 5 月 3 日为"太阳日"。这一天，美国的 450 个城市，乃至世界上 30 个国家 100 多个地区，成千上万的人聚集在庭院里、广场上和公园里，举办新奇的太阳日活动。美国的总统、比利时的国王、英国的议员、著名的科学家、演员、老人和儿童都一起来"参拜太阳"。

生物质能资源

生物质是指通过光合作用而形成的各种有机体，包括所有的动植物和微生物。而所谓生物质能，就是太阳能以化学能形式贮存在生物质中的能量形式，即以生物质为载体的能量。它直接或间接地来源于绿色植物的光合作用，可转化为常规的固态、液态和气态燃料，取之不尽、用之不竭，是一种可再生能源，同时也是唯一一种可再生的碳源。生物质能的原始能量来源于太阳，所以从广义上讲，生物质能是太阳能的一种表现形式。目前，很多国家都在积极研究和开发利用生物质能。生物质能蕴藏在植物、动物和微生物等可以生长的有机物中，它是由太阳能转化而来的。有机物中除矿物燃料以外的所有来源于动植物的能源物质均属于生物质能，通常包括木材及森林废弃物、农业废弃物、水生植物、油料植物、城市和工业有机废弃物、动物粪便等。地球上的生物质能资源较为丰富，而且是一种无害的能源。

生物质能一直是人类赖以生存的重要能源，目前它是仅次于煤炭、石油和天然气而居于世界能源消费总量第四位的能源，在整个能源系统中占有重要地位。据估计，地球上每年通过光合作用生成的生物质总量就达 1440 亿～1800 亿吨，其能量相当于 20 世纪 90 年代初全世界每年总能耗的 3～8 倍。

生物质能的分类

依据来源的不同，可以将适合于能源利用的生物质分为林业资源、农业资源、生活污水和工业有机废水、城市固体废物和畜禽粪便等五大类。

（1）林业资源。林业生物质资源是指森林生长和林业生产过程提供的生物质能源，包括薪炭林、在森林抚育和间伐作业中的零散木材、残留的树枝、树叶和木屑等；木材采运和加工过程中的枝丫、锯末、木屑、梢头、板皮和截头等；林业副产品的废弃物，如果壳和果核等。

（2）农业资源。农业生物质能资源是指农业作物（包括能源作物）；农业生产过程中的废弃物，如农作物收获时残留在农田内的农作物秸秆（玉米秸、高粱秸、麦秸、稻草、豆秸和棉秆等）；农业加工业的废弃物，如农业生产过程中剩余的稻壳等。能源植物泛指各种用以提供能源的植物，通常包括草本能源作物、油料作物、制取碳氢化合物植物和水生植物等几类。

（3）生活污水和工业有机废水。生活污水主要由城镇居民生活、商业和服务业的各种排水组成，如冷却水、洗浴排水、盥洗排水、洗衣排水、厨房排水、粪便污水等。工业有机废水主要是酒精、酿酒、制糖、食品、制药、造纸及屠宰等行业生产过程中排出的废水等，其中都富含有机物。

（4）城市固体废物。城市固体废物主要是由城镇居民生活垃圾，商业、服务业垃圾和少量建筑业垃圾等固体废物构成。其组成成分比较复杂，受当地居民的平均生活水平、能源消费结构、城镇建设、自然条件、传统习惯以及季节变化等因素影响。

（5）畜禽粪便。畜禽粪便是畜禽排泄物的总称，它是其他形态生物质（主要是粮食、农作物秸秆和牧草等）的转化形式，包括畜禽排出的粪便、尿及其与垫草的混合物。

生物质能的特点

（1）可再生性。生物质能属可再生资源，生物质能由于通过植物的光合作用可以再生，与风能、太阳能等同属可再生能源，资源丰富，可保证能源的永续利用；

（2）低污染性。生物质的硫含量、氮含量低、燃烧过程中生成的 SOX、NOX 较少；生物质作为燃料时，由于它在生长时需要的二氧化碳相当于它排放的二氧化碳的量，因而对大气的二氧化碳净排放量近似于零，可有效地减轻温室效应；

（3）广泛分布性。缺乏煤炭的地域，可充分利用生物质能；

（4）生物质燃料总量十分丰富。根据生物学家估算，地球陆地每年生产1000 亿～1250 亿吨生物质；海洋年生产 500 亿吨生物质。生物质能源的年生产量远远超过全世界总能源需求量，相当于目前世界总能耗的 10 倍。我国可开发为能源的生物质资源到 2010 年已达 3 亿吨。随着农林业的发展，特别是炭薪林的推广，生物质资源还将越来越多。

生物质能的代表——沼气

沼气是一种可燃气体，由于这种气体最早是在沼泽、池塘中发现的，所以人们称它"沼气"。我们通常所说的沼气，并不是天然产生的，而是人工制取的，所以它属于二次能源。尽管早在 1857 年，德国化学家凯库勒就已查明了沼气的化学成分，但这个"出身低微"的气体能源，始终没有引起人们的重视。直到最近一二十年来，随着对能源的需求不断增长，它才逐渐受到人们的注意，并开始崭露头角。由于作为能源的沼气，至今尚未得到广泛的应用，所以它还属于现代新能源的成员。

沼气的主要成分是甲烷（CH_4）气体。通常，沼气中含有 60%～70% 的甲烷，30%～35% 的二氧化碳以及少量的氢气、氮气、硫化氢、一氧化碳、

水蒸气和少量高级的碳氢化合物。近年来，在沼气中还发现有少量剧毒的磷化氢气体，这可能是沼气会使人中毒的原因之一。

甲烷气体的发热值较高，因而沼气的发热值也较高，所以说沼气是一种优质的人工气体燃料。甲烷在常温下是一种无色、无味、无毒的气体，它比空气要轻。由于甲烷在水中的溶解度很低，因而可用水封的容器来储存它。甲烷在燃烧时产生淡蓝色的火焰，并放出大量的热。甲烷气体虽然无味，但由于沼气中掺杂有硫化氢气体，所以沼气常常带有一种臭蒜味或臭鸡蛋味。

生产沼气的原料丰富，来源广泛。人畜粪便、动植物遗体、工农业有机物废渣和废液等，在一定温度、湿度、酸度和缺氧的条件下，经厌氧性微生物的发酵作用，就能产生出沼气。

沼气是一种可以不断再生、就地生产、就地消费、干净卫生、使用方便的新能源。在目前，它可以代替供应紧张的汽油、柴油，开动内燃机发电，驱动农机具加工农副产品，也可以用来煮饭照明。

从现今情况看来，使用沼气具有以下的优点：

（1）沼气不仅能解决农村能源问题，而且能增加有机肥料资源，提高质量和增加肥效，从而提高农作物产量，改良土壤。

（2）使用沼气，能大量节省秸秆、干草等有机物，以便用来生产牲畜饲料和作为造纸原料及手工业原材料。

（3）兴办沼气可以减少乱砍树木和乱铲草皮的现象，保护植被，使农业生产系统逐步向良性循环发展。

（4）兴办沼气，有利于净化环境和减少疾病的发生。这是因为在沼气池发酵处理过程中，人畜粪便中的病菌大量死亡，使环境卫生条件得到改善。

现在，世界上一些发达国家和能源短缺的发展中国家，如美国、德国、日本、法国、尼泊尔、菲律宾、印度等，都在积极开发和利用沼气。美国芝加哥市已建成连接市内各个垃圾坑的地下管道，垃圾腐烂后产生的大量沼气和二氧化碳，经过备有加热器和冷却器的沼气管道把二氧化碳排除掉，使沼气通过纵横交错的地下管道送到用户家中。尼泊尔的牛粪资源丰富，便利用牛粪制取的沼气，并从 1976 年开始推广使用。据计算，一头成年牛每天排出的粪便用来制取的沼气，可供一人一天做饭和照明之用。如果尼泊尔将全国的牛所产生的粪便都用来制取沼气，就可满足全国 2/3 的人生活需要。

2006 年底我国已经建设农村户用沼气池 1870 万口，生活污水净化沼气池 14 万处，畜禽养殖场和工业废水沼气工程 2000 多处，年产沼气约 90 亿立方米，为近 8000 万农村人口提供了优质生活燃料。中国已经开发出多种固定床和流化床气化炉，以秸秆、木屑、稻壳、树枝为原料生产燃气。2006 年用于木材和农副产品烘干的有 800 多台，村镇级秸秆气化集中供气系统近 600 处，年生产生物质燃气 2000 万立方米沼气可以用人工制取。制取的方法是，将有机物质如人畜粪便、动植物遗体等投入到沼气发酵池中，经过多种微生物的作用即可得到沼气。

那么，沼气中为什么有能量存在呢？这是因为自然界的植物不断地吸收太阳辐射的能量，并利用叶绿素将二氧化碳和水经光合作用合成有机物质，从而把太阳能储备起来。人和动物在吃了植物之后，约有一半的能量又随粪便排出体外。因此，人畜粪便或动植物遗体的生物能量经发酵后就可转换成可以燃烧的沼气。

人工制取沼气的关键，是创造一个适合于沼气细菌进行正常生命活动所需要的基本条件。因此，沼气的发酵必须在专门的沼气池进行。为了生产更多的沼气，就必须对发酵进行有效的控制。为此，在制取沼气的过程中，应注意以下两方面的问题：

一是严格密闭沼气池。沼气发酵中起主要作用的微生物是厌氧菌，只要有微量的氧气或氧化剂存在，就会阻碍发酵作用的正常进行。因此，密闭沼气池，杜绝氧气进入，是保证人工制取沼气成功的先决条件。

二是选用合适的原料。一般来说，所有的有机物质，包括人畜粪便、作物秸秆、青草、含有机质的垃圾、工业废水和污泥等都可作为制取沼气的原料。然而，不同的原料所产生的沼气量也不同，所以，应根据需要选用合适的原料。

实践经验表明，作物秸秆、干草等原料，产生的沼气虽然缓慢，但较持久；人畜粪便、青草等原料产生气快但不持久；通常，是将两者合理搭配，以达到产气快而持久的目的。

在发酵的过程中，应经常搅拌发酵池中的发酵液，这可起到以下作用：

（1）使池内发酵原料与沼气细菌充分、均匀地接触，从而可使沼气细菌繁殖快、产气多。

（2）产生的沼气往往附着在发酵原料上，经过搅拌，可使小气泡聚集成大气泡，上升到储气间里。

（3）可以使上、下层产生的沼气都释放出来，进入储气间。

沼气对于目前我国广大农村来说，是一种比较理想的家庭燃料。它可以用来煮饭、照明，既方便，又干净，还可节约大量柴草生产饲料。使用沼气时，需要配备一定的用具，如炉具、灯具、水柱压力计、开关等。它们的作用在于使沼气与空气以适当的比例混合，并使之得到充分的燃烧。

沼气还可以用作农村机械的动力能源。在作为动力能源使用时，它既可直接用作煤气机的燃料，又可用作以汽油机或柴油机改装而成的沼气机的燃料，用这些动力机械可完成碾米、磨面、抽水、发电等工作。有的地区还用沼气开动汽车和拖拉机，使它的应用不断扩大。沼气作为机械动力能源有以下几方面的优点：

首先，沼气的价格比汽油、柴油便宜，因而用于农业机械可降低生产成本。

其次，沼气多为就地制取、就地使用的能源，不需要远距离运输和传送，减轻了国家交通运输的负担，也减轻了农民的经济负担。

第三，沼气不像煤炭、石油等主要工业能源受储量和产量所限，它可以根据需要大量制取，所以有着广阔的发展前景。

沼气不仅是一种干净的能源，而且在工业生产上可作为化工原料使用。沼气的主要成分是甲烷，这种气体在高温下能分解成碳和氢，因此，沼气可用来制造氢气和碳黑，并能进一步制造乙炔、合成汽油、酒精、塑料、人造纤维和人造皮革等各种化工产品，用途日益广泛。

在农村大力发展推广沼气，是我国实现农业现代化的一项重大措施，它不仅涉及农村能源建设，而且是农村肥源建设、环境保护和卫生建设的重要内容。因此，我国对发展沼气很重视，一直在积极推广使用这种新能源。

发展沼气，可对农作物秸秆进行综合利用，即一部分农作物秸秆可作为牲畜饲料，而牲畜的排泄物及不能食用的秸秆则成为沼气的原料，所制得沼气作为燃料使用。农作物秸秆直接作燃料时，其热能利用率仅有 10%；如果将秸秆作为发酵原料投进沼气池生产沼气，则其热能利用率可提高到 80%，而且沼气池中的残存水及污泥则是优质的有机肥料。

农作物在生长发育过程中，氮、磷、钾这三种元素起着重要的作用，而且需要量大。然而，土壤中这三种元素一般含量较少，或者以一种难以吸收的状态存在着，需要人们通过施肥去补充。沼气的主要成分是甲烷和二氧化碳，因此沼气只利用粪便和作物秸秆中的碳、氢、氧等元素，而氮、磷、钾等元素则仍留在沼气池内，并通过微生物的作用变成了易为农作物吸收的速效氮和磷。另外，在沼气池沉渣中还含有许多有机质和腐殖酸，所以施加沼气肥对于增加土壤有机质含量，稳定和提高土壤肥力以及提高农作物的产量，都有着十分重要的意义。

另外需要指出的是，人畜粪便经过沼气池密封发酵后，对沉淀及杀灭血吸虫和钩虫等寄生虫卵及一些病菌有着显著的效果，因此，发展沼气对于农村除害防病和搞好卫生也是件非常有利的事情。

我国广大农村有着丰富的沼气资源。预计，如果将全国的农作物秸秆和

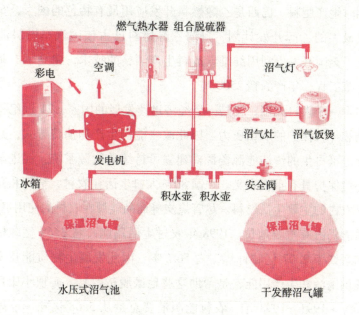

两种沼气池安装示意图

人畜粪便的一半利用起来，就可年产沼气650亿立方米。仅就它所产生的热能来说，就相当于节约一亿多吨的煤炭。由此可以看出，沼气在我国未来农村能源建设中有着多么重要的作用，而我们在农村推广沼气的使用又是一件多么紧迫的事情。

利用生物质能的意义

目前，生物质能技术的研究与开发已成为世界重大热门课题之一，受到世界各国政府与科学家的关注。许多国家都制定了相应的开发研究计划，如日本的阳光计划、印度的绿色能源工程、美国的能源农场和巴西的酒精能源计划等，其中生物质能源的开发利用占有相当的比重。目前，国外的生物质能技术和装置多已达到商业化应用程度，实现了规模化产业经营，以美国、瑞典和奥地利三国为例，生物质转化为高品位能源利用已具有相当可观的规模，分别占该国一次能源消耗量的4%、16%和10%。在美国，生物质能发电的总装机容量已超过10 000兆瓦，单机容量达10兆~25兆瓦；美国纽约的斯塔藤垃圾处理站投资2000万美元，采用湿法处理垃圾，回收沼气，用于发电，同时生产肥料。巴西是乙醇燃料开发应用最有特色的国家，实施了世界上规模最大的乙醇开发计划，目前乙醇燃料已占该国汽车燃料消费量的50%以上。美国开发出利用纤维素废料生产酒精的技术，建立了1兆瓦的稻壳发电示范工程，年产酒精2500吨。

中国是一个人口大国，又是一个经济迅速发展的国家，21世纪将面临着经济增长和环境保护的双重压力。因此改变能源生产和消费方式，开发利用生物质能等可再生的清洁能源资源对建立可持续的能源系统，促进国民经济发展和环境保护具有重大意义。中国80%人口生活在农村，秸秆和薪柴等生物质能是农村的主要生活燃料。尽管煤炭等商品能源在农村的使用迅速增加，但生物质能仍占有重要地位。1998年农村生活用能总量3.65亿吨标煤，其中秸秆和薪柴为2.07亿吨标煤，占56.7%。因此发展生物质能技术，为农村地区提供生活和生产用能，是帮助这些地区脱贫致富，实现小康目标的一项重要任务。1991—1998年，农村能源消费总量从5.68亿吨标准煤发展到6.72亿吨标准煤，增加了18.3%，年均增长2.4%。而同期农村使用液化石油气和电炊的农户由 1578 万户发展到 4937 万户，增加了 2 倍多，年增长达 17.7%，增长率是总量增长率的 6 倍多。可见随着农村经济发展和农民生活水平的提高，农村对于优质燃料的需求日益迫切。传统能源利用方式已经难以满足农村现代化需求，生物质能优质化转换利用势在必行。

生物质能高新转换技术不仅能够大大加快村镇居民实现能源现代化进程，满足农民富裕后对优质能源的迫切需求，同时也可在乡镇企业等生产领域中得到应用。由于中国地广人多，常规能源不可能完全满足广大农村日益增长的需求，而且由于国际上正在制定各种有关环境问题的公约，限制二氧化碳等温室气体排放，这对以煤炭为主的我国是很不利的。因此，立足于农村现有的生物质资源，研究新型转换技术，开发新型装备既是农村发展的迫切需要，又是减少排放、保护环境、实施可持续发展战略的需要。

知识点

温室效应

在相当长的一段时间内，地球大气中的二氧化碳含量基本上是一个定值，大约为 290 克/吨。然而，随着工业的发展，煤炭、石油、天然气等燃料的燃烧，释放出大量的热量，与此同时，又产生了大量的二氧化碳，加之人口的巨量增长和对森林的不断砍伐，使地球大气中二氧化碳的含量增加了 25% 以上。

二氧化碳可以防止地表热量辐射到太空中，具有调节地球气温的功能。如果没有二氧化碳，地球的年平均气温会比今天降低 20℃；但是，超量的二氧化碳却使地球仿佛捂在一座玻璃暖棚里，温度会逐渐升高，这就是所谓的"温室效应"。

其实，除了二氧化碳，其他诸如臭氧、甲烷、氟利昂、一氧化二氮等都是大气温室效应的主要贡献者，它们被统称为"温室气体"。只是由于二氧化碳是大气中含量最多的温室气体，科学家才更关注于它。

延伸阅读

沼气发电机

沼气发电始于20世纪70年代初期。当时，国外为了合理、高效地利用在治理有机废弃污染物中产生的沼气，普遍使用往复式沼气发电机组进行沼气发电。使用的沼气发电机大都是属于火花点火式气体燃料发电机组，并对发电机组产生的排气余热和冷却水余热加以充分利用，可使发电工程的综合热效率高达80%以上。通常每100万吨的家庭或工业废物就足以产生充足的甲烷作为燃料供一台一兆瓦的发电机运转10～40年。

在我国20世纪70年代沼气发电开始受到国家的重视，成为一个重要的课题被提出来。到80年代中期我国已有上海内燃机研究所、广州能源所、四川省农机院等十几家科研院所、厂家对此进行了研究和试验。在我国，沼气机、沼气发电机组已形成系列化产品。目前国内从8千瓦到5000千瓦各级容量的沼气发电机组均已先后鉴定和投产。

氢能资源

氢在元素周期表中位于第一位，它是所有原子中最小的。众所周知，氢分子与氧分子化合成水，氢通常的单质形态是氢气，它是无色无味，极易燃烧的双原子的气体，氢气是最轻的气体。在标准状况（0℃和一个大气压）下，每升氢气只有0.0899克重——仅相当于同体积空气质量的2/29。氢是宇宙中最常见的元素，氢及其同位素占到了太阳总质量的84%，宇宙质量的75%都是氢。

现在有了那么多种燃料，但是真正在燃烧时完全没有污染的燃料只有一种，那就是氢。正如我们所知道的，煤炭石油等燃料都不是单质，它们燃烧时总会产生许多污染物，这些污染物无论用多么先进的技术处理，也不可能完全消除得干干净净。然而，氢的燃烧生成物只是水，没有其他物质生成，对环境没有任何污染。而且氢的热值高，每克液氢燃烧可产生 120 千焦耳的热量，是 1 克汽油燃烧放出的热量的 2.8 倍，其使用安全性也和汽油差不多。氢的储运性能好，使用也方便。其他各类能源都可以转化成以氢的方式进行储存、运输或直接燃烧使用。近几年来，液态氢已被广泛地用作人造卫星和宇宙飞船的能源。科学家们预言，氢将是 21 世纪乃至更远时代最理想的能源。

氢能的特点

氢作为能源，有以下特点：

（1）所有元素中，氢重量最轻。在标准状态下，它的密度为 0.0899g/l；在 −252.7℃ 时，可成为液体，若将压力增大到数百个大气压，液氢就可变为固体氢。

（2）所有气体中，氢气的导热性最好，比大多数气体的导热系数高出 10 倍，因此在能源工业中氢是极好的传热载体。

（3）氢是自然界存在最普遍的元素，据估计它构成了宇宙质量的 75%，除空气中含有氢气外，它主要以化合物的形态贮存于水中，而水是地球上最广泛的物质。据推算，如把海水中的氢全部提取出来，它所产生的总热量比地球上所有化石燃料放出的热量还大 9000 倍。

（4）除核燃料外氢的发热值是所有化石燃料、化工燃料和生物燃料中最高的，为 142 351 千焦/千克，是汽油发热值的 3 倍。

（5）氢燃烧性能好，点燃快，与空气混合时有广泛的可燃范围，而且燃点高，燃烧速度快。

（6）氢本身无毒，与其他燃料相比氢燃烧时最清洁，除生成水和少量氨气外不会产生诸如一氧化碳、二氧化碳、碳氢化合物、铅化物和粉尘颗粒等对环境有害的污染物质，少量的氨气经过适当处理也不会污染环境，而且燃烧生成的水还可继续制氢，反复循环使用。

（7）氢能利用形式多，既可以通过燃烧产生热能，在热力发动机中产生机械功，又可以作为能源材料用于燃料电池，或转换成固态氢用作结构材料。用氢代替煤和石油，不需对现有的技术装备作重大的改造，现在的内燃机稍加改装即可使用。

（8）氢可以以气态、液态或固态的氢化物出现，能适应贮运及各种应用环境的不同要求。

氢能的主要用途

氢能利用方面很多，有的已经实现，有的人们正在努力追求。为了达到清洁新能源的目标，氢的利用将充满人类生活的方方面面，我们不妨从古到今，把氢能的主要用途简要叙述一下。

1. 航天能源

古代，秦始皇统一中国，他想长生不老，曾积极支持炼丹术。其实炼丹术士最早接触的就是氢的金属化合物。无奈多少帝王梦想长生不老，或幻想遨游太空，都受当时的科学技术水平所限，真是登天无梯。到后来，1869年俄国著名学者门捷列夫整理出化学元素周期表，他把氢元素放在周期表的首位，此后从氢出发，寻找与氢元素之间的关系，为众多的元素打下了基础，人们对氢的研究和利用也就更科学化了。至1928年，德国齐柏林公司利用氢的巨大浮力，制造了世界上第一艘"LZ—127齐柏林"号飞艇，首次把人们从德国运送到南美洲，实现了空中飞越大西洋的航程。大约经过了10年的运行，航程16万多千米，使1.3万人领受了上天的滋味，这是氢气的奇迹。

然而，更先进的是20世纪50年代，美国利用液氢作超音速和亚音速飞机的燃料，使B57双

火箭利用液氢作燃料

引擎轰炸机改装了氢发动机，实现了氢能飞机上天。特别是 1961 年 4 月 12 日苏联宇航员加加林驾驶"东方"1 号宇宙飞船遨游太空和 1963 年美国的宇宙飞船上天，紧接着 1969 年"阿波罗"号飞船实现了人类首次登上月球的创举。这一切都依靠氢燃料的功劳。面向科学的 21 世纪，先进的高速远程氢能飞机和宇航飞船，商业运营的日子已为时不远。过去帝王的梦想将被现代的人们实现。

2. 汽车能源

以氢气代替汽油作汽车发动机的燃料，已经过日本、美国、德国等许多汽车公司的试验，技术是可行的，目前主要是廉价氢的来源问题。氢是一种高效燃料，每千克氢燃烧所产生的能量为 33.6 千瓦小时，几乎等于汽车燃烧的 2.8 倍。氢气燃烧不仅热值高，而且火焰传播速度快，点火能量低（容易点着），所以氢能汽车比汽油汽车总的燃料利用效率可高 20%。当然，氢的燃烧主要生成物是水，只有极少的氮氧化物，绝对没有汽油燃烧时产生的一氧化碳、二氧化碳和二氧化硫等污染环境的有害成分。氢能汽车是最清洁的理想交通工具。

氢能汽车的供氢问题，目前将以金属氢化物为贮氢材料，释放氢气所需的热可由发动机冷却水和尾气余热提供。现在有两种氢能汽车，一种是全烧氢汽车，另一种为氢气与汽油混烧的掺氢汽车。掺氢汽车的发动机只要稍加改变或不改变，即可提高燃料利用率和减轻尾气污染。使用掺氢 5% 左右的汽车，平均热效率可提高 15%，节约汽油 30% 左右。因此，近期多使用掺氢汽车，待氢气可以大量供应后，再推广全燃氢汽车。德国奔驰汽车公司已陆续推出各种燃氢汽车，其中有面包车、公共汽车、邮政车和小轿车。以燃氢面包车为例，使用 200 千克钛铁合金氢化物为燃料箱，代替 65 升汽油箱，可连续行车 130 多千米。德国奔驰公司制造的掺氢汽车，可在高速公路上行驶，车上使用的储氢箱也是钛铁合金氢化物。

掺氢汽车的特点是汽油和氢气的混合燃料可以在稀薄的贫油区工作，能改善整个发动机的燃烧状况。在中国许多城市交通拥挤，汽车发动机多处于部分负荷下运行、采用掺氢汽车尤为有利。特别是有些工业余氢（如合成氨生产）未能回收利用，若作为掺氢燃料，其经济效益和环境效益都是可取的。

3. 氢能发电

大型电站，无论是水电、火电或核电，都是把发出的电送往电网，由电网输送给用户。但是各种用电户的负荷不同，电网有时是高峰，有时是低谷。为了调节峰荷、电网中常需要启动快和比较灵活的发电站，氢能发电就最适合扮演这个角色。利用氢气和氧气燃烧，组成氢氧发电机组。这种机组是火箭型内燃发动机配以发电机，它不需要复杂的蒸汽锅炉系统，因此结构简单，维修方便，启动迅速，要开即开，欲停即停。在电网低负荷时，还可吸收多余的电来进行电解水，生产氢和氧，以备高峰时发电用。这种调节作用对于电网运行是有利的。另外，氢和氧还可直接改变常规火力发电机组的运行状况，提高电站的发电能力。例如氢氧燃烧组成磁流体发电，利用液氢冷却发电装置，进而提高机组功率等。

更新的氢能发电方式是氢燃料电池。这是利用氢和氧（成空气）直接经过电化学反应而产生电能的装置。换言之，也是水电解槽产生氢和氧的逆反应。上世纪70年代以来，日美等国加紧研究各种燃料电池，现已进入商业性开发，日本已建立万千瓦级燃料电池发电站，美国有30多家厂商在开发燃料电池，德、英、法、荷、丹、意和奥地利等国也有20多家公司投入了燃料电池的研究，这种新型的发电方式已引起世界的关注。

燃料电池的简单原理是将燃料的化学能直接转换为电能，不需要进行燃烧，能源转换效率可达60%～80%，而且污染少，噪声小，装置可大可小，非常灵活。最早，这种发电装置很小，造价很高，主要用于宇航作电源。现在已大幅度降价，逐步转向地面应用。目前，燃料电池的种类很多，主要有以下几种：

（1）磷酸盐型燃料电池。最早的一类燃料电池，工艺流程基本成熟，美国和日本已分别建成4500千瓦及11 000千瓦的商用电站。这种燃料电池的操作温度为200℃，最大电流密度可达到150毫安/平方厘米，发电效率约45%，燃料以氢、甲醇等为宜，氧化剂用空气，但催化剂为铂系列，目前发电成本尚高，每千瓦小时约 40 ~ 50 美分。

（2）融熔碳酸盐型燃料电池。一般称为第二代燃料电池，其运行温度 650℃左右，发电效率约 55%，日本三菱公司已建成 10 千瓦级的发电装置。这种燃料电池的电解质是液态的，由于工作温度高，可以承受一氧化碳的存在，燃料用氢、一氧化碳、天然气等均可。氧化剂用空气。发电成本每千瓦小时可低于 40 美分。

（3）固体氧化物型燃料电池。被认为是第三代燃料电池，其操作温度 1000℃左右，发电效率可超过 60%，目前不少国家在研究，它适于建造大型发电站，美国西屋公司正在进行开发，可望发电成本每千瓦小时低于 20 美分。

此外，还有几种类型的燃料电池，如碱性燃料电池，运行温度约 200℃，发电效率也可高达 60%，且不用贵金属作催化剂，瑞典已开发 200 千瓦的一个装置用于潜艇。美国最早用于阿波罗飞船的一种小型燃料电池称为美国型，实为离子交换膜燃料电池，它的发电效率高达 75%，运行温度低于 100℃，但是必须以纯氧作氧化剂。后来，美国又研制一种用于氢能汽车的燃料电池，充一次氢可行 300 千米，时速可达 100 千米，这是一种可逆式质子交换膜燃料电池，发电效率最高达 80%。

燃料电池理想的燃料是氢气，因为它是电解制氢的逆反应。燃料电池的主要用途除建立固定电站外，特别适合作移动电源和车船的动力，因此也是今后氢能利用的孪生兄弟。

氢的制取与贮藏

氢活泼可爱，惹人们喜欢，但要制取氢，并不是容易的事情。科学家已经证明，水是由氢和氧组成。如果能从水中制取氢，氢将是一种价格便宜的能源。

如何用水制造氢呢？最简单的办法是电解水，利用电能分解水，取得氢。用这种方法制氢，可以得到纯度 99.99% 的氢。电解水制氢的缺点是耗电量很高。生产 1000 克的氢，需要用 60 度左右的电，所以，并不合算，不能大量使用。

也可利用太阳光直接加热分解水制取氢。这种方法是让水先"吃"些催化剂，水吃了催化剂，就听话多了，只要有阳光就能使水分解产生氢。从1978年以来，人们使用的催化剂已多到几百种。尽管如此，这种制氢方法还处在试验阶段，需要进一步改进和完善。

太阳能电池有一种特性，一接触到太阳光，就会产生电。因此，人们利用太阳能电池直接分解水产生氢气，制氢率达到12%。这是一种很有前途的制氢方法。

300多年前，有人把一根柳条插入一只装满泥土的木桶里。他除了浇水，什么肥料也不加。5年以后，柳条长大成树。人们奇怪，柳树靠什么长大？现在知道了，柳树和所有绿色植物的叶片中，有许多专门制造养料的叶绿体。叶绿体靠内部的叶绿素和各种催化剂，在阳光照射下，吸收空气中的二氧化碳和土壤中的水分，制造满足自己生长的养料，同时还放出氧气，这是叶片的光合作用。

1942年，科学家观察一些藻类的生长，发现减少二氧化碳的供应，绿藻在光合作用下停止放氧，转而生氢。现在已经找到16种绿藻有生氢的能力。这样，一种最有发展前途的制氢方法——生化制氢产生了。科学家已制成了用叶绿体制氢的装置，用1克叶绿素在1小时内可生产1升的氢气。

贮藏氢，通常用钢筒。但是，氢的脾气暴躁，稍不小心，在氢中混入空气，溅入火花，它会像一颗炸弹那样发生爆炸，所以，钢筒贮氢既装不多，又不太安全。运输氢气，现在常用管道运送，费用省、运得远。不用氢气时，关闭出口，氢气停止前进，原地贮藏。

科学家发现有些金属，如钛、镁等，能像海绵吸水一样将氢吸入储存起来，这种金属被称为储氢金属。用储氢金属储氢，不仅安全，而且还能根据需要随时将氢释放出来，大大方便了氢的储存和运送。

氢的燃烧和使用有多种方法。直接燃烧是不理想的，因为直接燃烧会促使空气中的氮和氧化合成氮氧化物污染环境，而且容易发生回火现象，引起事故。现已设计制成了催化燃烧炉，用金属氧化物使氢得到催化燃烧，这样安全、没有污染、热效率高（比直接燃氢，利用率提高20%），这样的催化燃烧炉可用作炊具和室内取暖。

以氢为燃料的动力装置如喷气发动机、涡轮发动机、燃气轮机等，目前仍处于研究试验阶段。它们运行起来噪声小、无污染、热效率高。

氢能发展概况

氢能被视为 21 世纪最具发展潜力的清洁能源，人类对氢能应用自 200 年前就产生了兴趣，到 20 世纪 70 年代以来，世界上许多国家和地区就广泛开展了氢能研究。

早在 1970 年，美国通用汽车公司的技术研究中心就提出了"氢经济"的概念。1976 年美国斯坦福研究院就开展了氢经济的可行性研究。20 世纪 90 年代中期以来多种因素的汇合增加了氢能经济的吸引力。这些因素包括：持久的城市空气污染、对较低或零废气排放的交通工具的需求、减少对外国石油进口的需要、二氧化碳排放和全球气候变化、储存可再生电能供应的需求等。氢能作为一种清洁、高效、安全、可持续的新能源，被视为 21 世纪最具发展潜力的清洁能源，是人类的战略能源发展方向。世界各国如冰岛、中国、德国、日本和美国等不同的国家之间在氢能交通工具的商业化的方面已经出现了激烈的竞争。虽然其他利用形式也是可能的（例如取暖、烹饪、发电、航行器、机车），但氢能在小汽车、卡车、公共汽车、出租车、摩托车和商业船上的应用已经成为焦点。

中国对氢能的研究与发展可以追溯到 20 世纪 60 年代初，中国科学家为发展本国的航天事业，对作为火箭燃料的液氢的生产、H_2/O_2 燃料电池的研制与开发进行了大量而有效的工作。将氢作为能源载体和新的能源系统进行开发，则是从 20 世纪 70 年代开始的。现在，为进一步开发氢能，推动氢能利用的发展，氢能技术已被列入《科技发展"十五"计划和 2015 年远景规划（能源领域）》。

氢燃料电池技术，一直被认为是利用氢能，解决未来人类能源危机的终极方案。上海一直是中国氢燃料电池研发和应用的重要基地，包括上汽、上海神力、同济大学等企业、高校，也一直在从事研发氢燃料电池和氢能车辆。随着中国经济的快速发展，汽车工业已经成为中国的支柱产业之一。2007 年中国已成为世界第三大汽车生产国和第二大汽车市场。与此同时，汽车燃油消耗也达到 8000 万吨，约占中国石油总需求量的 1/4。在能源供应日益紧张的今天，发展新能源汽车已迫在眉睫。用氢能作为汽车的燃料无疑是最佳选择。

虽然燃料电池发动机的关键技术基本已经被突破，但是还需要更进一步对燃料电池产业化技术进行改进、提升，使产业化技术成熟。这个阶段需要政府加大研发力度的投入，以保证中国在燃料电池发动机关键技术方面的水平和领先优势。这包括对掌握燃料电池关键技术的企业在资金、融资能力等方面予以支持。除此之外，国家还应加强对燃料电池关键原材料、零部件国产化、批量化生产的支持，不断整合燃料电池各方面优势，带动燃料电池产业链的延伸。同时政府还应给予相关的示范应用配套设施，并且支持对燃料电池相关产业链予以培育等，以加快燃料电池车示范运营相关的法规、标准的制定和加氢站等配套设施的建设，推动燃料电池汽车的载客示范运营。有政府的大力支持，氢能汽车一定能成为朝阳产业。

 知识点

甲　醇

甲醇系结构最为简单的饱和一元醇，又称"木醇"或"木精"。无色澄清液体，有刺激性气味。微有乙醇（酒精）样气味，易挥发，易流动，燃烧时无烟有蓝色火焰，能与水、醇、醚等有机溶剂互溶，能与多种化合物形成共沸混合物，能与多种化合物形成溶剂混溶，溶解性能优于乙醇，能溶解多种无机盐类，如碘化钠、氯化钙、硝酸铵、硫酸铜、硝酸银、氯化铵和氯化钠等。易燃，蒸气能与空气形成爆炸极限6.0%～36.5%（体积）。有毒，一般误饮15毫米可致眼睛失明。大量饮用致人死亡。通常由一氧化碳与氢气反应制得。多用于制造甲醛和农药等，并用作有机物的萃取剂和酒精的变性剂等。

氢的发现

氢是这样发现的。18世纪，瑞典一位名叫卡尔·舍勒的年轻药剂师，对化学很有兴趣，一天到晚孜孜不倦地实验。有一次，他把铁屑放进瓶子里，再倒进稀硫酸，结果瓶里冒出了气泡。他赶紧把插有玻璃导管的木塞往瓶口一塞，让气泡沿着管子往外走。然后，他为了看个仔细，把一支点燃的蜡烛靠近管口，不料，逃出的气泡居然着了火，舔出细长的浅蓝色火舌。

最初，他只知道这种气体可以燃烧，并不知道它是什么，因此，他把这种气体叫做可燃空气。后来，人们发现可燃空气是所有气体中最轻的一种。我国最初把它叫做轻气，后来，统一命名后才叫它为氢气。

当欧洲发现氧气以后，英国科学家亨利·卡文迪许又做了一个实验。他把氧气与氢气放在容器里混合，然后，一通电，电光一闪，两种气体在容器里爆炸开了，水珠儿接着一滴滴落了下来。一个重大发现产生了：通过放电可以使氢气和氧气结合成水，水是由氢、氧组成的。

地热能资源

我们居住的地球，很像一个大热水瓶，外凉内热，而且越往里面温度越高。因此，人们把来自地球内部的热能，叫地热能。我们生活的地球是一个巨大的热库，仅地下10千米厚的一层，储热量就达1.05×10^{26}焦耳，相当于3.58×10^{15}吨标准煤所释放的热量。地热能是在其演化进程中储存下来的，是独立于太阳能的又一自然能源，它不受天气状况等条件因素的影响，未来的发展潜力也相当大。

地球通过火山爆发和温泉等途径，将它内部的热能源源不断地输送到地面。人们所热衷的温泉，就是人类很早开始利用的一种地热能。然而，目前对地热能大规模的开发利用还处于初始阶段，所以说地热还属于一种新能源。

在距地面 25～50 千米的地球深处，温度为 200℃～1000℃；若深度达到距地面 6370 千米即地心深处时，温度可高达 4500℃。

据估算，如果按照当今世界动力消耗的速度完全只消耗地下热能，那么即使使用 4100 万年后，地球的温度也只降低 1℃。由此可见，在地球内部蕴藏着多么丰富的热能。温度分布是很规律的，通常，在地壳最上部的十几千米范围内，地层的深度每增加 30 米，地层的温度便升高约 1℃；在地下 15～25 千米之间，深度每增加 100 米，温度上升 1.5℃；25 千米以下的区域，深度每增加 100 米，温度只上升 0.8℃；以后再深入到一定深度，温度就保持不变了。

地热能的种类与分布

地球深层为什么储存着如此多的热能呢？它们是从哪里来的？对于这个问题，目前还处于探索阶段。不过，大多数学者认为，这是由于地球内部放射性物质自然发生蜕变的结果。在核反应的过程中，放出了大量的热能，再加上处于封闭、隔断的地层中，天长日久，经过逐渐的积聚，就形成了现在的地热能。值得指出的是，地热资源是一种可再生的能源，只要不超过地热资源的开发强度，它是能够补充而再生的。

通常，人们将地热资源分为四类：

第一类是水热资源。这是储存在地下蓄水层的大量地热资源，包括地热蒸汽和地热水。地热蒸汽容易开发利用，但储量很少，仅占已探明的地热资源总量的 0.5%。而地热水的储量较大，约占已探明的地热资源的 10%，其温度范围从接近室温到高达 390℃。

第二类是地压资源。这是处于地层深处沉积岩中的含有甲烷的高盐分热水。由于上部的岩石覆盖层把热能封闭起来，使热水的压力超过水的静压力，温度为 150℃～260℃之间，其储量约是已探明的地热资源总量的 20%。

第三类是干热岩。这是地层深处温度为 150℃～650℃的热岩层，它所储存的热能约为已探明的地热资源总量的 30%。

第四类是熔岩。这是埋藏部位最深的一种完全熔化的热熔岩，其温度高达 650℃～1200℃。熔岩储藏的热能比其他几种都多，占已探明地热资源总量的 40% 左右。

地热能集中分布在构造板块边缘一带，该区域也是火山和地震多发区。如果热量提取的速度不超过补充的速度，那么地热能便是可再生的。地热能在世界很多地区应用相当广泛。据估计，每年从地球内部传到地面的热能相当于 100PW·h。不过，地热能的分布相对来说比较分散，开发难度大。

据美国地热资源委员会（GRC）1990 年的调查，世界上 18 个国家有地热发电，总装机容量 5827.55 兆瓦，装机容量在 100 兆瓦以上的国家有美国、菲律宾、墨西哥、意大利、新西兰、日本和印尼。我国的地热资源也很丰富，但开发利用程度很低。主要分布在云南、西藏、河北等省区。

世界地热资源主要分布于以下 5 个地热带：①环太平洋地热带。世界最大的太平洋板块与美洲、欧亚、印度板块的碰撞边界，即从美国的阿拉斯加、加利福尼亚到墨西哥、智利，从新西兰、印度尼西亚、菲律宾到中国沿海和日本。世界许多地热田都位于这个地热带，如美国的盖瑟斯地热田，墨西哥的普列托、新西兰的怀腊开、中国台湾的马槽和日本的松川、大岳等地热田。②地中海、喜马拉雅地热带。欧亚板块与非洲、印度板块的碰撞边界，从意大利直至中国的滇藏。如意大利的拉德瑞罗地热田和中国西藏的羊八井及云南的腾冲地热田均属这个地热带。③大西洋中脊地热带。大西洋板块的开裂部位，包括冰岛和亚速尔群岛的一些地热田。④红海、亚丁湾、东非大裂谷地热带。包括肯尼亚、乌干达、扎伊尔、埃塞俄比亚、吉布提等国的地热田。⑤其他地热区。除板块边界形成的地热带外，在板块内部靠近边界的部位，在一定的地质条件下也有高热流区，可以蕴藏一些中低温地热，如中亚、东欧地区的一些地热田和中国的胶东、辽东半岛及华北平原的地热田。

地热能的主要用途

人类很早以前就开始利用地热能，例如利用温泉沐浴、医疗，利用地下热水取暖、建造农作物温室、水产养殖及烘干谷物等。但真正认识地热资源，并进行较大规模的开发利用却是始于 20 世纪中叶。

1. 地热发电

地热发电是地热利用的最重要方式。高温地热流体应首先应用于发电。

地热发电和火力发电的原理是一样的，都是利用蒸汽的热能在汽轮机中转变为机械能，然后带动发电机发电。所不同的是，地热发电不像火力发电那样要装备庞大的锅炉，也不需要消耗燃料，它所用的能源就是地热能。地热发电的过程，就是把地下热能首先转变为机械能，然后再把机械能转变为电能的过程。要利用地下热能，首先需要有"载热体"把地下的热能带到地面上来。目前能够被地热电站利用的载热体，主要是地下的天然蒸汽和热水。按照载热体类型、温度、压力和其他特性的不同，可把地热发电的方式划分为蒸汽型地热发电和热水型地热发电两大类。

（1）蒸汽型地热发电。这是把蒸汽田中的干蒸汽直接引入汽轮发电机组发电，但在引入发电机组前应把蒸汽中所含的岩屑和水滴分离出去。这种发电方式最为简单，但干蒸汽地热资源十分有限，且多存于较深的地层，开采技术难度大，故发展受到限制。主要有背压式和凝汽式两种发电系统。

（2）热水型地热发电。这是地热发电的主要方式。目前热水型地热电站有两种循环系统：①闪蒸系统。当高压热水从热水井中抽至地面，于压力降低部分热水会沸腾并"闪蒸"成蒸汽，蒸汽送至汽轮机做功；而分离后的热水可继续利用后排出，当然最好是再回注入地层。②双循环系统。地热水首先流经热交换器，将地热能传给另一种低沸点的工作流体，使之沸腾而产生蒸汽。蒸汽进入汽轮机做功后进入凝汽器，再通过热交换器而完成发电循环。地热水则从热交换器回注入地层。这种系统特别适合于含盐量大、腐蚀性强和不凝结气体含量高的地热资源。发展双循环系统的关键技术是开发高效的热交换器。

2. 地热供暖

将地热能直接用于采暖、供热和供热水是仅次于地热发电的地热利用方式。因为这种利用方式简单、经济性好，备受各国重视，特别是位于高寒地区的西方国家，其中冰岛开发利用得最好。该国早在1928年就在首都雷克雅未克建成了世界上第一个地热供热系统，现今这一供热系统已发展得非常完善，每小时可从地下抽取7740吨80℃的热水，供全市11万居民使用。由于没有高耸的烟囱，冰岛首都已被誉为"世界上最清洁无烟的城市"。此外利用地热给工厂供热，如用作干燥谷物和食品的热源，用作硅藻土生产、木材、造纸、制革、纺织、酿酒、制糖等生产过程的热源也是大有前途的。目前世界上最大两家地热应用工厂就是冰岛的硅藻土厂和新西兰的纸浆加工厂。我国利用地热供暖和供热水发展也非常迅速，在京津地区已成为地热利用中最普遍的方式。

3. 地热种植与养殖

地热在农业中的应用范围十分广阔。如利用温度适宜的地热水灌溉农田，可使农作物早熟增产；利用地热水养鱼，在28℃水温下可加速鱼的育肥，提高鱼的出产率；利用地热建造温室，育秧、种菜和养花；利用地热给沼气池加温，提高沼气的产量等。将地热能直接用于农业在我国日益广泛，北京、天津、西藏和云南等地都建有面积大小不等的地热温室。各地还利用地热大力发展养殖业，如培养菌种、养殖非洲鲫鱼、鳗鱼、罗非鱼、罗氏沼虾等。

4. 地热治病

地热在医疗领域的应用有诱人的前景，目前热矿水就被视为一种宝贵的资源，世界各国都很珍惜。由于地热水从很深的地下提取到地面，除温度较高外，常含有一些特殊的化学元素，从而使它具有一定的医疗效果。如含碳酸的矿泉水供饮用，可调节胃酸、平衡人体酸碱度；含铁矿泉水饮用后，可治疗缺铁贫血症；氡泉、硫水氢泉洗浴可治疗神经衰弱和关节炎、皮肤病等。由于温泉的医疗作用及伴随温泉出现的特殊的地质、地貌条件，使温泉常常成为旅游胜地，吸引大批疗养者和旅游者。在日本就有1500多个温泉疗养院，每年吸引1亿人到这些疗养院休养。我国利用地热治疗疾病的历史悠久，含有各种矿物元素的温泉众多，因此充分发挥地热的医疗作用，发展温泉疗养行业是大有可为的。

对环境的影响

（1）地热蒸汽的温度和压力都不如火力发电高，因此地热利用率低，像盖塞斯的老发电机组的热效率只有14.3%，以致冷却水用量多于普通电站，热污染也比较严重。

（2）地热电站也可利用冷却塔将余热释放到大气中，以避免上述的热污染。冷却塔的补充水来源于蒸汽本身，因此不需要外来水源。地热蒸汽在通过汽轮机之前，先进入离心分离器，除去岩粒和灰尘，然后冷凝成温水，再通过冷却塔，使其中75%～80%转变为蒸汽，余下的冷却水返回冷凝器利用。过剩的冷却水由于积累了硼、氨等污染物，应排注地下，而不应该排注水体。这虽然解决了污染问题，但有可能引发地震；不过也可能因陆续注入而使岩层逐渐滑动，反而缓慢地解除积压，以致避免地震的突发。到底结果如何，必须进行严密监测。

（3）从冷却塔派出的废蒸汽和废水中可能含有H_2S等有毒气体，应予重视并及时加以处理，以免污染厂区附近的空气。

（4）地热属于再生比较慢的一种资源。地热蒸汽产区只能利用一段时间，其长短难于估计，可能在30～3000年之间。由于取用的水多于回注的水，利用地热发电，最后可能会引起地面沉降，这一点须加以注意。

地热能开发的现状

我国是世界上开发利用地热资源较早的国家，发展也很快。北京就是当今世界上6个开发利用地热较好的首都之一（其他五个是法国的巴黎、匈牙利的布达佩斯、保加利亚的索菲亚、冰岛的雷克亚未克和埃塞俄比亚的亚的斯亚贝巴）。

北京地热水温大都在25℃～70℃。由于地热水中含有氟、氡、镉、可溶性二氧化硅等特殊矿物成分，经过加工可制成饮用的矿泉水。有些地区的地热水中还含有硫化氢等，因而很适于浴疗和理疗。

目前，北京的地热资源已得到广泛利用。例如，用于采暖的面积已达32万多平方米，年节约煤1.8万吨，而且每年还可减少烧煤取暖带来的粉尘污染7.6吨。现有地热泉洗浴50多处；利用地热水养的非洲鲫鱼，生长快，肉味鲜美。北京一些印染厂还利用地热水进行印染和退浆，每年可节约煤几千吨。

除北京外，我国许多地区也拥有地热资源，仅温度在100℃以下的天然出露的地热泉就有约 3500 多处。在西藏、云南和台湾等地，还有很多温度超过 150℃以上的高温地热田。台湾省屏东县的一处热泉，温度曾达到 140℃；在西藏的羊八井建有我国最大的地热电站，这个电站的地热井口温度平均为 140℃，发电装机容量为一万千瓦，今后在这里还将建设更大的地热电站。

从温泉分布来看，我国地热资源主要集中在东南沿海诸省和西藏、云南、四川西部等地，形成两个温泉数量多、温度高、埋藏浅的地热带。分别称为滨太平洋地热带和藏滇地热带。前一个地热带共有温泉 600 多处，约占全国热水泉总数的 1/3，其中温泉水超过 90℃的有几十处，有的还超过 100℃；后一个地热带是我国大陆上水热活动最活跃的一个地区，有大量的喷泉和汽泉。这一地带共有温泉 700 多处，其中高于当地沸点的水热活动区有近百处，是一个高温水汽分布带。此外，在我国东部的一些盆地内，也蕴藏着较丰富的地下热水，这一地区的范围很广，北起松辽平原、华北平原，南到江汉平原、北部湾海域。例如，天津市区及郊区附近有总面积近 700 平方千米的地热带，其中深度超过 500 米、温度在 30℃以上的热水井达 400 多口，最高水温为 94℃，年总开采量近 5000 万吨，可利用的热量相当于 30 多万吨标准煤。

地热在世界各地的分布也是很广泛的。美国阿拉斯加的"万烟谷"是世界上闻名的地热集中地，在 24 平方千米的范围内，有数万个天然蒸汽和热水的喷孔，喷出的热水和蒸汽最低温度为 97℃，高温蒸汽达 645℃，每秒喷出 2300 万公升的热水和蒸汽，每年从地球内部带往地面的热能相当于 600

美国黄石公园大棱镜温泉

万吨标准煤。新西兰约有近 70 个地热田和 1000 多个温泉。温泉的类型很多，有温度可达 200℃～300℃的高温热泉；有时断时续的间歇喷泉；还有沸腾翻腾的泥浆地。横跨欧亚大陆的地中海——喜马拉雅地热带，从地中海北岸的意大利、匈牙利经过土耳其、独联体的高加索、伊朗、巴基斯坦和印度的北部、中国的西藏、缅甸、马来西亚，最后在印度尼西亚与环太平洋地热带相接。

有人做过计算，如果把全世界的火山爆发和地震释放的能量以及热岩层所储存的能量除外，仅地下热水和地热蒸汽储存的热能总量，就为地球上全部煤储藏量的 1.7 亿倍。在地下 3000 米以内目前可供开采的地热，相当于 29 000亿吨煤燃烧时释放的全部热量。可以看出，地热能的开发与利用有着广阔的前景。

对于地热能的开发与利用，如果从 1904 年意大利建成世界第一座地热发电站算起，已有 100 多年的历史了。但是，只有近三四十年来地热能的开发利用才逐渐引起世界各国的普遍注意和重视。

据不完全统计，目前世界上已有 120 多个国家和地区发现或打出地热泉与地热井 7500 多处，使地热能的利用得到不断的扩大。地热能的利用，当前主要是在采暖、发电、育种、温室栽培、洗浴等方面。美国一所大学有三口深 600 米的地热水井，水温为 89℃，可为总面积达 46 000 多平方米的校舍供暖，每年节约暖气费 25 万美元。冰岛虽然处在寒冷地带，但有着丰富的地热资源，目前全国人口的 70% 以上已采用地热供暖。

现在，美国、日本、独联体、意大利、冰岛等许多国家都建成了不同规模的热电站，总计约有 150 座左右，装机总容量达 320 万千瓦。

温泉水可以医治皮肤和关节等的疾病，许多国家都有供沐浴医疗用的温泉。由于天然热泉较少，而且不是各地都有的，因而在一些没有天然热泉的地区，人们就利用广泛分布的干热岩型地热能人工造出地下热泉来。人造热泉是在干热岩型的热岩层上开凿而成的，世界上最早的人造热泉是在美国新墨西哥州北部开凿的，井深达 3000 米，热岩层的温度为 200℃。

美国已建造了人造热泉热电厂，发电量为 5 万千瓦。另外，还在洛斯阿拉莫斯国立实验所钻了两眼深 4389 米的地热井，先把水泵入井内，12 小时后再抽上来，这时水温已高达 375℃。法国先后开凿了 6 眼人造热泉，其中每眼井深 6 千米，每小时可获得温度达 200℃热水 100 吨。目前，美国的地热发电站的装机容量已达 930 万千瓦，到 2020 年将增加到 3180 万千瓦。

现在，随着科学技术的发展，人们开始在岩浆体导热源周围建立人工热能存积层，以便开发利用热源蒸汽的高温岩体来发电。

不过，随着与地热利用相关的高新技术的发展，将使人们能更精确地查明更多的地热资源；钻更深的钻井将地热从地层深处取出，因此地热利用也必将进入一个飞速发展的阶段。

 **知识点**

东非大裂谷

东非大裂谷是世界大陆上最大的断裂带，从卫星照片上看去犹如一道巨大的伤疤。这条长度相当于地球周长 1/6 的大裂谷，气势宏伟，景色壮观，是世界上最大的裂谷带，有人形象地将其称为"地球表皮上的一条大伤痕"，古往今来不知迷住了多少人。

据地质学家们考察研究认为，大约 3000 万年以前，由于强烈的地壳断裂运动，使得同阿拉伯古陆块相分离的大陆漂移运动而形成这个裂谷。那时候，这一地区的地壳处在大运动时期，整个区域出现抬升现象，地壳下面的地幔物质上升分流，产生巨大的张力，正是在这种张力的作用之下，地壳发生大断裂，从而形成裂谷。由于抬升运动不断进行，地壳的断裂不断产生，地下熔岩不断涌出，渐渐形成了高大的熔岩高原。高原上的火山则变成众多的山峰，而断裂的下陷地带则成为大裂谷的谷底。

 **延伸阅读**

温泉历史文化

温泉文化究竟起源于何处？这个答案也许已年代久远得不可考了。一开始，人类发现温泉，更发现动物在泉水中消除疲惫。据说日本人一开始并不知道温泉具有治疗疾病的功能，后来是因为看到一只受伤的小动物在泡过温泉之后奇迹般地迅速复原，这才使他们开始认真地研究起温泉的功能。现代人渐渐把泡温泉作为休闲养生、解压甚至治疗的方法，这种趋势迅速在全球蔓延。

秦始皇建"骊山汤"是为了治疗疮伤，徐福为了寻找长生不老药，辗转漂流到了日本歌山县，至今当地仍保留了"徐福之汤"温泉浴场。到了唐朝，唐太宗特建"温泉宫"，诗人也留下了不少创作，描写脂粉美女从温泉出浴的情形，足见我国悠久的温泉历史文化。

日本人爱好温泉的程度实在是不必多说，三步一小汤，五步一大汤，泡汤对日本人而言已经成为日常生活中非常重要的一部分，也发展出一套不同于其他各国的泡汤文化及温泉疗效整理，我们称之为"汤治文化"。同样拥有悠久历史的欧洲大陆的古罗马人，他们引泉水加热再流到建好的浴场中供人们使用，其中英国巴斯及土耳其等地有名的温泉浴场，一直到现在都还在使用。

地球上的不可再生资源

DIQIUSHANG DE BUKE ZAISHENG ZIYUAN

不可再生资源（或称非再生资源、耗竭性资源）是地球演化的一定阶段形成的一类自然资源，其数量有限，资源蕴藏量保持不变、不再增加，在开发利用后，其储量逐渐减少不会自我恢复。这类资源的储量、体积可以测算出来，其质量也可以通过化学成分的百分比来反映，如煤、石油、天然气、泥炭、金属矿产、非金属矿产等。

人类对不可再生资源的开发和利用，只会消耗，而不可能保持其原有储量或再生。其中，一些资源可重新利用，如金、银、铜、铁、铅、锌等金属资源，另一些是不能重复利用的资源，如煤、石油、天然气等化石燃料，当它们作为能源利用而被燃烧后，尽管能量可以由一种形式转换为另一种形式，但作为原有的物质形态已不复存在，其形式已发生变化。

煤

煤主要由碳、氢、氧、氮、硫和磷等元素组成，碳、氢、氧三者总和约占有机质的95%以上，有褐煤、烟煤、无烟煤、半无烟煤这几种分类。在地表常温、常压下，由堆积在停滞水体中的植物遗体经泥炭化作用或腐泥化作用，转变成泥炭或腐泥；泥炭或腐泥被埋藏后，由于盆地基底下降而沉至地下深部，经成岩作用而转变成褐煤；当温度和压力逐渐增高，再经变质作用转变成烟煤至无烟煤。

在整个地质年代中，全球范围内有三个大的成煤期：①古生代的石炭纪和二叠纪，成煤植物主要是孢子植物。主要煤种为烟煤和无烟煤。②中生代的侏罗纪和白垩纪，成煤植物主要是裸子植物。主要煤种为褐煤和烟煤。③新生代的第三纪，成煤植物主要是被子植物。主要煤种为褐煤，其次为泥炭，也有部分年轻烟煤。

现代工业的粮食

煤炭当作一种燃料，早在 800 年前就已经开始了。煤炭被十分广泛用作工业生产的燃料，是从 18 世纪末的产业革命开始了的。随着蒸汽机的发明和使用，煤炭被十分广泛地用作工业生产的燃料，给人类社会带来了前所未有的巨大生产力，推动了工业的向前发展，随之发展起煤、钢铁、化工、采矿、冶金等工业。煤热量高，标准煤炭的发热量为 7000 大卡/千克。而且煤在地球上的储量丰富，出现十分广泛，通常也比较容易开发利用，因而被十分广泛用作各种工业生产中的燃料。

煤除了当作燃料以取得热量和动能以外，更为有意义的是从中制取冶金用的焦炭和制取人造石油，也就是煤炭的低温干馏的液体产品——煤炭焦油。经过化学加工，从煤中能生产出成千上万种化学产品，所以它又是一种非常有意义的化工原材料，如中国相当多的中、小氮肥厂都以煤作原材料生产化肥。中国的煤十分广泛用来当作多种工业的原材料。大型煤工业基地的建设，对中国综合工业基地和经济区域的变成和发展起着很大的作用。

现代工业的粮食——煤

除此之外，煤中还常常含

有许多放射性和稀有的元素如铀、锗、镓等，这一些放射性和稀有的元素是半导体和原子能工业的原材料。

煤对现代化工业来说，不管是重工业，还是轻工业；不管是能源物资工业、冶金工业、化学工业、机械工业，还是轻纺工业、食品工业、交通运输业，都发挥着作用，各种工业部门都在一定水平上要消耗一定量的煤，所以有人称煤是工业的"真正的食粮"。

煤最原始的形态——泥炭

泥炭又称为草炭或是泥煤，是煤最原始的状态。随着周围环境的转变，如压力的加大，可以使泥炭变得更加坚固，使之成为无烟炭。泥炭按不同分解程度的、松软的植物残体堆积物，其有机质含量占30%以上。泥炭形成以后，在上覆沉积物的压力及进一步菌解条件下，经过压紧和脱水变为褐煤。当褐煤继续受到地下温度和压力作用时，经煤化作用形成烟煤、无烟煤。

泥炭呈块体，含水量一般为80%～90%，泥炭的比重一般为1.20～1.60，中国泥炭的发热量，多数为9.50～15.0兆焦/千克。泥炭质地松软，容易燃烧。分解度较低的泥炭多呈浅棕色和浅褐色，含有大量植物残体；分解度较高的泥炭多呈黑褐色和黑色，质地较硬，腐殖酸含量增高，植物残体不易辨认。泥炭中的有机质主要是纤维素、半纤维素、木质素、腐殖酸、沥青物质等。泥炭中腐殖酸含量常为10%～30%，高者可达70%以上。泥炭中的无机物主要是黏土、石英和其他矿物杂质。中国泥炭磷含量常见值为0.04%～0.17%；钾含量为0.5%～1.3%。此外，氮的含量为1.5%～2.0%。有的泥炭中还含有锗、镓、钒等稀散元素。有些泥炭的含油率很高，可达5%～14%。泥炭的形成是植物、水文、地貌和气候诸因素综合作用的结果，并受大地构造条件的制约。

在许多当地盛产泥炭的地方，泥炭被用来作为日常生活中的燃料使用。在苏格兰地区，泥炭被大量用来作为制造苏格兰威士忌的过程中，烘烤已发芽大麦所需的燃料来源。使用泥炭烘干的大麦具有独特的烟熏味，已经变成苏格兰威士忌的风味特色，称为泥炭度。

泥炭是一种相当优良的盆栽花卉用土。因为它含有大量的有机质，疏松，

透气透水性能好，保水保肥能力强，质地轻，无病害孢子和虫卵。目前国外园艺事业发达国家，在花卉栽培中，尤其是在育苗和盆栽花卉中多以泥炭作为主要盆栽基质，而腐叶土、腐殖土等早已成为过去。近几年来，泥炭在全国种植行业中开始开始普及。在吉林、肇庆、增城、四川都江堰等地有生产和销售泥炭。

近年来，人们对泥炭地生产力和泥炭的肥力在提高农业产品数量和质量方面给予很高评价，并充分肯定了泥炭有机肥料在农业生产的显著效益和发展上的广阔前景。同时，利用泥炭作为化学工业原料，生产各种类型的新产品，也正在日益扩大，如从泥炭中提取蛋白饲料，生物生长剂和植物刺激素，不同类型的吸附剂，医药制剂等等，还有些泥炭适于制成建筑材料，钻井稳定剂和稀释剂，陶瓷工业原料调整剂、水煤浆分散剂、污水处理剂、离子交换剂等。

煤炭的战略地位

中国是世界上少数几个能源以煤为主的国家之一。1986 年，煤占一次能源总产量的 72.4%，占一次能源总消费量的 76.0%，美国占 23.3%，苏联占 24.8%，日本占 18.8%，法国占 10.0%，全世界占 30.0%。

1985 年，煤炭提供了中国 72% 的工业燃料和动力，52% 的化工原料，92% 的民用燃料。而美国相应的比例是 22%，接近 0 和 0.7%。

在 1986 年世界一次能源的消费构成中，石油，美国占 43%，苏联占 34%，日本占 55.8%，联邦德国占 42%，发展中国家平均占 52%，世界各国平均水平占 38%，中国占 17%；天然气，美国占 22%，苏联占 37%，日本占 10%，联邦德国占 15%，发展中国家平均占 12%，世界平均水平占 20%，中国占 2.3%。

石油、煤、天然气，是当今世界一次能源的三大项，中国石油和天然气在能源消费结构中所占比例与世界平均水平相比是偏低的，而煤的比例又大大超过世界平均水平，这是由于中国能源矿藏结构决定的。

不仅我国，许多国家的能源战略都是根据自己的具体国情制定的。

石油危机之后，煤炭在全世界能源消费结构中所占的比例呈上升趋势，据《世界资源·1986》中的数字：1984 年，石油仍占商品能源总消费量的 40%，然而这一数字比 1973 年石油所占比例 47.4% 要低。下降的原因之一是用其他燃料代替石油。

发达国家的能源消费总量中石油所占的比例从 1973 年的 51% 降到 1983 年的 43%。

依据中国能源资源而确定的以煤炭为基础的能源发展战略是现实的。2000 年时中国煤炭在商品能源利用中所占的比重仍然约为 70% ~ 75%。即石油生产达 2 亿吨，仍然只占商品能源生产的 1/4 以下。

世界煤炭的生产

20 世纪 90 年代初世界煤炭年产量约 45 亿吨，比 70 年代增长了 2/3。煤炭产量的分布与资源分布基本一致。一般来说，煤炭资源丰富、经济比较发达的地区，也是煤炭产量较多的地区。1994 年煤炭产量超过 1 亿吨的国家有：中国（12.1 亿吨）、美国（9.4 亿吨）、印度、德国、俄罗斯、澳大利亚各 2.5 亿吨左右，南非、波兰各 2 亿吨，哈萨克斯坦 1 亿多吨。上述 9 国占世界煤炭总产量 82% 以上。按联合国家统计，发达国家煤炭产量占 70%，发展中国家占 30%。

中国、美国、苏联、乌克兰、德国、波兰、印度、澳大利亚是世界八大产煤炭国，在今后的 20 年中仍将生产世界煤产量的 85%。世界八大产煤炭国的煤出口量占全球煤出口量的 80%。

煤的国际能源物资战略地位越来越重要，主要原因是，亚洲地区经济增长速度将比世界其他地区要高，经济增长在很大水平上依赖于能源物资供应的增加。到现在，煤炭在亚洲许多国家和地区的能源物资结构中仍占有很有意义的地位，在未来的 5 ~ 8 年内，韩国、印尼、泰国、印度、中国和中国台湾省等，对煤炭的需求十分迫切。在未来 100 年内，煤不可避免地仍将是一种主要能源物资。我们的任务是寻求更有效的、环境可接受的途径，使每吨煤炭发更多的电，减少污染和影响物的排放总数量。煤的综合利用是今后的发展方向，现在世界各国正在执行清洁煤炭技术计划，这将是造福人类的伟大举措。

世界煤炭产量最多的地区是美国的阿巴拉契亚煤田。该煤田位于美国东部的阿巴拉契亚山地及其西侧的阿巴拉契亚高原，面积 18 万平方千米，相当于四个半瑞士的领土。地质总储量 3107 亿吨，其中的炼焦煤储量占美国的 92%。地质条件优异，99% 的煤层是水平或近水平煤层。煤层平均厚 1.7 米，便于开采。

1699 年，英国殖民者在弗吉尼亚州首次发现煤藏。1769 年开始工业性采煤。1900 年产量即达 17 600 万吨，为世界之冠。从此，这里一直是世界最大的煤炭产地。1980 年商品煤产量提高到 4 亿吨，占当年美国煤炭产量的一半以上，占世界煤炭总产量的 1/10。

美国共有 50 个州，其中有 9 个州在阿巴拉契亚矿区采煤。每年有 1 亿吨以上煤外运和出口。外运的煤主要供给东北工业区和南部的得克萨斯州，出口的煤远销日本、意大利和法国等 30 多个国家，占美国煤炭出口量的 99%。

由于阿巴拉契亚所产煤品质优良，适于炼焦，在国际煤炭市场享有盛誉。近年来，联邦德国、法国、意大利、荷兰、日本和罗马尼亚等国纷纷在该矿区投资，进一步促进了煤田的开发。

世界有七个著名的大煤田。我国内蒙古东胜煤田与陕西神府煤田合称东胜－神府煤田，是世界七大煤田中最大的一个，和俄罗斯的顿巴斯、库兹巴斯，美国的波德河、阿巴拉契亚，波兰的西里西亚和德国的鲁尔并称世界七大煤田。

东胜－神府煤田，在陕西省榆林市北部和内蒙古鄂尔多斯市南部，总面积 31172 平方千米的区域内，蕴藏着总量可达 10 000 亿吨的煤，是中国已探明储量最大的煤田，占全国探明储量的 30% 以上。

世界煤炭还能开采多久

世界煤炭储量十分丰富，约占各种能源总储量的 90%。据 20 世纪 80 年代初世界能源会议等组织的资料，世界煤炭地质储量为 14.3 万亿吨，其中探明储量为 1.04 万亿吨，经济可采储量为 6000 亿～7000 亿吨。按目前开采规模，还可开采 200 年左右。

世界煤炭资源的空间分布很不平衡。90% 以上的经济可采储量集中于北半球的中纬度地带，形成两条巨大的煤带：亚欧大陆煤带，东起我国东北、华北煤田，经新疆向西延伸到俄罗斯、乌克兰、波兰、捷克、德国和英国中部；北美洲中部煤带，包括美国和加拿大的煤田。从国家来看，美国、中国和俄罗斯占世界经济可采储量的 65%，印度、南非、德国、澳大利亚、波兰和英国合占 25%。

世界煤炭的消费以工业用煤为主，占 80% ~ 90%，仅发电和炼焦就占世界煤炭总消费量的 80%。世界煤炭的消费量与生产量基本吻合，20 世纪 90 年代初为 44 亿吨左右。由于煤炭不宜长途运输，以就近消费为主，所以煤炭的消费区与生产区基本一致，国际贸易量较小。长期以来，世界煤炭贸易量维持在 2 亿多吨，近些年有所增加，达到 3 亿多吨。煤炭贸易煤种长期以焦煤为主，近几年由于钢产量的下降，动力煤贸易量则超过了炼焦煤。世界上主要的煤炭出口国是澳大利亚、美国、南非、哈萨克斯坦、加拿大、俄罗斯、波兰和我国，8 国出口量约占世界煤炭总出口量的 80% 以上。主要煤炭进口国是日本和西欧各国。因此，煤炭的贸易基本上是在发达国家之间进行的。海陆运输各占煤炭贸易量的 1/2。

中国煤炭还能用多久

世界上少有一个国家经济发展像中国这样依赖于煤炭。世界银行 1995 年统计指出，世界上每使用 3 吨煤，就有 1 吨是在我国烧掉。

在巨大的生产压力面前，煤电双方被动地疲于生产，导致近年来矿难不断。2004 年 11 月陕西铜川发生了 40 年来伤亡最严重的矿难。事后调查发现，煤矿在井下着火的情况下坚持生产。在这样的情况下，提高煤矿现代化水平、实施安全生产从何实现？

这就不难理解这样的数字：目前全国煤矿平均资源综合回收率只有 30% 左右。小型煤矿和乡镇煤矿的回收率只有 10% ~ 15%，而火电厂供电煤耗比国际先进水平高出 27% 强。煤电陷入了粗放型扩张和增大外延的增长方式。

2005 年初，在秦皇岛煤炭订货会上，煤电双方明争暗斗为煤炭价格展开了激烈博弈，但煤电关系不顺或许并不是我国煤电事业面临的最大问题。

环境的隐忧

从古至今，煤炭仍是人类社会生产生活中的主要能源物资之一。我国已经是世界产煤炭最多的国家，年产已超过 11 亿吨。煤炭不仅是钢铁生产、火力发电的主要燃料，都还是化工原材料，它为人类作出了巨大的贡献。

不过，这些年来，烧煤炭给地球大气造成的严重污染和影响已引起人们的抱怨和不满。前几年，就在四川重庆和贵州地区发现，居民身穿的衣服遭雨淋之后，很容易损坏。

分析证明，这是雨水中含有硫酸或碳酸而引起的，称为酸雨。雨中怎么会有酸呢？主要是因大量的烧煤炭造成的。

现在，我国使用的煤占能源物资的 70% 以上，煤中含有硫，燃烧时这些硫变成了二氧化硫气体，排放到地球大气中。下雨时，这些气体溶解在雨水中就变成了硫酸，成为酸雨，排放的二氧化碳遇水也会变成了碳酸。据环保部门监测，我国二氧化硫污染和影响最严重的城市，平均浓度达到了 0.12ppm（百万分之零点一二），大大超过了安全标准。烧煤炭排放到空气中的粉尘也相当高，有一些已达到每平方米 1.433 毫克。

1991 年，我国因烧煤炭等烧料排出的污染和影响物估计达 10 亿立方米，当中二氧化硫排出量达 1600 万吨，有一些城市每平方千米的积尘少的有 3 吨多，最多的达到 51 吨多。

烧煤炭产生的大量的二氧化碳还会使地球气温升高，产生所谓的温室效应。

科学家们指出，温室效应会让南极冰川融化，使海平面水位往上升，地球上许多沿海城市也许遭到"水漫金山"之患，甚至遭受没顶之灾。如果地球大气温度升高 3℃ ~ 5℃，南极冰帽会基本上消失，海平面会往上升 4 ~ 5 米。美国大陆 48 个州将减少 1.5% 的陆地面积，有 6% 的人口必须迁移。亚洲人口密集的沿海地区，包括恒河、湄公河、伊洛瓦底江、长江、珠江入海口及印度尼西亚的人口密集的岛屿，都会受到威胁。虽然温室效应造成的影响是缓慢的，但日积月累，在几十年至 100 年之内还是会造成严重的经济损失和财产的付之东流。所以节省燃料，减少有害的气体和二氧化碳的排放，已成为今天世界环境保护中最有意义的课题之一。

洁净煤技术

洁净煤技术是指从煤炭开发利用的全过程中，旨在减少污染排放与提高利用效率的加工、燃烧、转化及污染控制等新技术。主要包括煤炭洗选、加工（型煤、水煤浆）、转化（煤炭气化、液化）、先进发电技术（常压循环流化床、加压流化床、整体煤气化联合循环）、烟气净化（除尘、脱硫、脱氮）等方面的内容。

早在20世纪80年代中期，美国和加拿大等国就开始了洁净煤技术的研究，当时主要是针对大型火电厂造成的酸雨危害而进行的。因为电厂燃煤，排放的烟气中二氧化硫的含量过高，遇到高空的水蒸气，就变成含稀硫酸的雨，降落下来称为酸雨，它毁坏森林和农作物，甚至连人们晾晒的衣物也会遭到损坏。后来各国在燃煤过程中添加石灰等碱性添加剂，使酸性得到中和，但这会降低燃煤的热效率。因此，洁净煤的技术范围又扩大到煤的加工转化领域，它包括燃煤前的净化（脱除硫和其他杂质），煤的燃烧过程净化（使用各种添加剂），燃烧后对烟气的净化以及使煤炭转化为可燃气体或液体的过程等。现代煤的净化技术，除了减轻环境污染外，还要提高煤的利用率，减轻煤的运输压力，降低能源成本。它是一举多得，需要综合考虑的问题。

目前，煤炭占世界一次能源消费总量的1/3，在火力发电中占世界发电总量的44%。其他工业生产中煤的消耗也很大。在许多发展中国家，煤也是人们生活的主要燃料。尽管现在洁净煤技术的推广还存在着不少问题，特别是经济性问题，但它的应用前景十分广阔，科技攻关势头正在兴起。近年来，我国对洁净煤技术非常重视，科研投入逐年加大，部分成果得到国家政策性的支持，形势见好。

知识点

酸　雨

　　酸雨是由大气中的酸性烟云形成的，这些酸性污染物，一部分来自大自然，如火山爆发、海水蒸发、动植物腐败而散逸出的含有酸性物质的气体；另一部分是由人类活动造成的，如工矿企业所喷出的浓烟，各种车辆排出的废气等。这些酸性物质到了大气之中，溶入雨水降到地面，便形成了酸雨。

　　平常的雨水都呈微酸性，pH 值在 5.6 以上，这是因为大气中的二氧化碳溶解于洁净的雨水中以后，一部分形成呈微酸性的碳酸的缘故。然而燃烧煤和石油的过程会向大气大量释放二氧化硫和氮化物，当这些物质达到一定的浓度以后，会与大气中的水蒸气结合，形成硫酸和硝酸，使雨水的酸性变大，pH 值变小。我们把 pH 值小于 5.6 的雨水，称之为酸雨。

　　今天，酸雨已成为地球上很多区域的环境问题。酸雨落在水里，可使水中的鱼群丧命；酸雨落在植物上，可使嫩绿的叶子变得枯黄凋零；酸雨落到建筑物上，可把建筑材料腐蚀得千疮百孔，污迹斑斑。酸雨进入人体，会使人渐渐衰弱，严重者会导致死亡。

延伸阅读

法国的最后一车煤

　　2004 年 4 月，当最后一车煤从法国北部的摩泽尔煤矿徐徐运出，曾经的欧洲煤炭大国——法国国内的煤矿至此全部关闭，280 多年的采煤史落下了帷幕。煤，这种乌黑的财富，在过去两个多世纪里见证了法国乃至欧洲的经济发展、科技进步、政治运动和社会变迁。

早在 1720 年，法国就建立起了第一座可供开采的煤矿。在此后的 100 年里，法国煤炭工业发展缓慢。第二次世界大战结束，百废待兴，法国煤炭工业进入一个黄金时期。1958 年，法国原煤产量达到了创纪录的 6000 万吨。然而，好景不长。20 世纪 60 年代，石油开始向煤炭工业发起了挑战。面对新能源的兴起和无情竞争，在以后的 40 年中，法国采煤业由盛及衰。

法国既是欧洲的煤炭生产大国，也是重要的贸易和消费国。在法国的工业化过程中，本国的煤炭产量远远不能满足钢铁等产业的发展需求，一直依赖进口弥补自身产量的不足，平均对外依存程度达到 30% 以上。20 世纪 60 年代以后，法国煤炭消费主要依靠国外进口，对外依赖程度将近 70%。此后，法国煤炭消费持续减少，20 世纪 90 年代初降至 3000 万吨左右。

石 油

石油是由一种生油母质经过长期的地质作用和生物化学作用而转化形成的矿物能源。石油是以液态碳氢化合物为主的复杂混合物。其中碳占 80% ~ 90%，氢占 10% ~ 14%，其他元素有氧、硫、氮等，总计占 1%，有时可达 2.96% ~ 3%，个别油田含量可达 5% ~ 7%。

石油多分布于低地和盆地，如山间盆地、滨海及近海大陆架等地区。世界石油资源主要集中在中东、非洲、原俄罗斯、美国、南美、西欧和印度尼西亚沿海地区。世界石油消费量增长很快，1960 年只有 10.5 亿吨，1986 年就增加到 38.7 亿吨。

现代工业的血液

石油在工业生产中是一种重要的燃料动力资源，它的许多优点是其他燃料所无法比拟的。如在物理性质上，石油是可以流动的液体，比重小于水，比其他燃料容易开采；占有的容积小，容易运输。同时，与一般燃料比较，它的可燃性好，发热量高，1 千克石油燃烧起来可以产生 1 万多大卡的热量，比煤炭的发热量高 1 倍，比木柴的发热量高 4 ~ 5 倍。此外，石油又有易燃烧、燃烧充分和燃后不留灰烬的特点，正合于内燃机的要求。所以，在陆地、海上和空中交通方面，以及在各种工厂的生产过程中，石油都是重要的动力燃料。在现代国防方面，新型武器、超音速飞机、导弹和火箭所用的燃料都是从石油中提炼出来的。

石油除用作工业燃料外，还是重要的化工原料。现代有机化学工业就建立在石油、煤炭、天然气等资源的综合利用之上。从石油中可提取几百种有用物质，其经济价值远远超过作为燃料燃烧的经济意义。石油化工可生产出成百上千种化工产品，如塑料、合成纤维、合成橡胶、合成洗涤剂、染料、医药、农药、炸药和化肥等等。石油产品不仅在民用中占有重要地位，现代化的工业、农业、国防都需要石油及石油产品，尤其对工业意义重大。

海域勘探石油

由于石油具有优越的物理、化学性质，作为能源，有很高的发热量；作为原料，不仅产量大，而且广泛用于国民经济和各个部门。石油化工产品几乎能用于所有的工业部门中，是促进国民经济和工业现代化的重要物质基础，现代化的工业离不开石油，就像人体离不开血液一样。因此，石油被称为"工业的血液"。

世界石油具体分布

世界石油具体分布情况：从东西半球来看，约3/4的石油资源集中于东半球，西半球占1/4；从南北半球看，石油资源主要集中于北半球；从纬度分布看，主要集中在北纬20°～40°和50°～70°两个纬度带内。波斯湾及墨西哥湾两大油区和北非油田均处于北纬20°～40°内，该带集中了51.3%的世界石油储量；50°~70°纬度带内有著名的北海油田、俄罗斯伏尔加及西伯利亚油田和阿拉斯加湾油区。

（1）中东地区波斯湾沿岸。中东海湾地区地处欧、亚、非三洲的枢纽位置，原油资源非常丰富，被誉为"世界油库"。据美国《油气杂志》2006年最新的数据显示，世界原油探明储量为1804.9亿吨。其中，中东地区的原油探明储量为1012.7亿吨，约占世界总储量的2/3。在世界原油储量排名的前十位中，中东国家占了五位，依次是沙特阿拉伯、伊朗、伊拉克、科威特和阿联酋。其中，沙特阿拉伯已探明的储量为355.9亿吨，居世界首位。伊朗已探明的原油储量为186.7亿吨，居世界第三位。

（2）北美洲。北美洲原油储量最丰富的国家是加拿大、美国和墨西哥。加拿大原油探明储量为245.5亿吨，居世界第二位。美国原油探明储量为29.8亿吨，主要分布在墨西哥湾沿岸和加利福尼亚湾沿岸，以得克萨斯州和俄克拉荷马州最为著名，阿拉斯加州也是重要的石油产区。美国是世界第二大产油国，但因消耗量过大，每年仍需进口大量石油。墨西哥原油探明储量为16.9亿吨，是西半球第三大传统原油战略储备国，也是世界第六大产油国。

（3）欧洲及欧亚大陆。欧洲及欧亚大陆原油探明储量为157.1亿吨，约占世界总储量的8%。其中，俄罗斯原油探明储量为82.2亿吨，居世界第八位，但俄罗斯是世界第一大产油国，2006年的石油产量为4.7亿吨。中亚的哈萨克斯坦也是该地区原油储量较为丰富的国家，已探明的储量为41.1亿吨。挪威、英国、丹麦是西欧已探明原油储量最丰富的3个国家，分别为10.7亿吨、5.3亿吨和1.7亿吨，其中挪威是世界第十大产油国。

（4）非洲。非洲是近几年原油储量和石油产量增长最快的地区，被誉为"第二个海湾地区"。2006年，非洲探明的原油总储量为156.2亿吨，主要分布于西非几内亚湾地区和北非地区。专家预测，到2010年，非洲国家石油产量在世界石油总产量中的比例有望上升到20%。利比亚、尼日利亚、阿尔及利亚、安哥拉和苏丹排名非洲原油储量前五位。尼日利亚是非洲地区第一大产油国。目前，尼日利亚、利比亚、阿尔及利亚、安哥拉和埃及等5个国家的石油产量占非洲总产量的85%。

（5）中南美洲。中南美洲是世界重要的石油生产和出口地区之一，也是世界原油储量和石油产量增长较快的地区之一，委内瑞拉、巴西和厄瓜多尔是该地区原油储量最丰富的国家。2006 年，委内瑞拉原油探明储量为109.6 亿吨，居世界第七位。2006 年，巴西原油探明储量为 16.1 亿吨，仅次于委内瑞拉。巴西东南部海域坎坡斯和桑托斯盆地的原油资源，是巴西原油储量最主要的构成部分。厄瓜多尔位于南美洲大陆西北部，是中南美洲第三大产油国，境内石油资源丰富，主要集中在东部亚马孙盆地，另外，在瓜亚斯省西部半岛地区和瓜亚基尔湾也有少量油田分布。

（6）亚太地区。亚太地区原油探明储量约为 45.7 亿吨，也是目前世界石油产量增长较快的地区之一。我国、印度、印度尼西亚和马来西亚是该地区原油探明储量最丰富的国家，分别为 21.9 亿吨、7.7 亿吨、5.8 亿吨和 4.1亿吨。我国和印度虽原油储量丰富，但是每年仍需大量进口。因为地理位置优越和经济的飞速发展，东南亚国家已经成为世界新兴的石油生产国。印尼和马来西亚是该地区最重要的产油国，越南也于 2006 年取代文莱成为东南亚第三大石油生产国和出口国。印尼的苏门答腊岛、加里曼丹岛，马来西亚近海的马来盆地、沙捞越盆地和沙巴盆地是主要的原油分布区。

世界石油工业概况

世界石油开采的情况在 20 世纪内以迅猛速度增长，1921 年首次突破产油量 1 亿吨大关，1950 年超过 5 亿吨，1979 年创造了 31.7 亿吨的历史最高记录，近几年略有下降。

在第二次世界大战前，石油生产主要集中在美国、欧洲和委内瑞拉，在20 世纪 60 年代以前的一个世纪内，美国一直是世界上最大的石油生产中心，产量经常占世界 2/3 左右，号称"石油帝国"。

但 20 世纪 60 年代后，美国石油产量在世界上的地位日趋下降，而中东新兴产油区的地位日益上升。1973 年波斯湾地区石油产量占世界总产量的38%，进入 80 年代后由于人为的因素而有所下降，但仍占世界总产量的近30%，该地区石油生产执世界牛耳的局面将长期保持下去。

以国别论，1981 年石油产量最大的国家是俄罗斯（6.04 亿吨），其他还有 5 个年产石油在 1 亿吨以上的国家，它们是沙特阿拉伯（4.82 亿吨）、美国（4.29 亿吨）、墨西哥（1.2 亿吨）、委内瑞拉（1.05 亿吨）和中国（1.01 亿吨）。年产 2500 万吨以上的国家还有英国、印尼、阿联酋、伊朗、尼日利亚、利比亚、科威特、伊拉克、阿尔及利亚和挪威等 10 国。以上 16 国合计产量 24 亿多吨，约占全世界石油总产量的 87%。

与世界石油生产地区相对集中的特点不同，世界石油消费地区分布极广。由于石油对现代工业、农业、交通、军事以及人民生活等各方面都有重要作用，因而石油的消费极为广泛。而由于石油生产地区的相对集中，故世界上绝大部分国家需要进口石油。不过从消费量看，以美国和西欧消费量为最大，以 1977 年为例，美国的石油消费量占世界的 30%，西欧约占近 1/4，其他为俄罗斯、日本等国，而世界最大石油产区中东的消费量却很小。

由于世界石油资源及其消费量的显著不平衡，造成世界石油贸易呈现出来源高度集中、销售对象分布极广的显著特点。1979 年石油的国际贸易量为 18.3 亿吨（包括原油和石油制品），占总产量的 58%，进口石油的约有 140 个国家，出口石油的国家却不到 30 个。这些出口国在地理上可分为六组，即"一大五小"。

（1）波斯湾地区 1979 年占世界石油总出口量的 55%，主要供应欧、美及亚、太地区，

（2）北部非洲（包括利比亚、阿尔及利亚、埃及和突尼斯），占世界石油出口量的 9%，主要运往欧洲；

（3）非洲几内亚湾东岸（以尼日利亚为主，还包括加蓬、安哥拉和刚果），占世界的 7%，多输往西欧、北美；

（4）拉丁美洲北部（以委内瑞拉和墨西哥为主，还包括厄瓜多尔、特立尼达和多巴哥），占世界的 10%，主要供应北美；

（5）俄罗斯，占世界的 9%，大部分运往欧洲；

（6）远东（以印尼为主，还包括中国、文莱和马来西亚），占世界的 5%，主要供应日本。

世界石油还可以开采多久

石油是一种不可再生资源，虽然有科学考察表明，这种能源在地球上依

然在不断生成，例如在墨西哥湾、黑海等，但其生成的速度，不是以年计算，而是要用地质年代来计算，因此这是一个十分漫长的过程。这种生成过程，跟人类的开发相比，是微不足道的。

虽然地层中的石油和天然气的蕴藏量无法十分精确地估算出来，但石油专家们还是对石油储藏量进行了粗略的估计：人类自1973年以来共向地球索取了5000亿桶（约合800亿吨）石油，占当时探明储量的85%；自那时以后，新发现的油田几乎使储量翻了一番。一般估计，目前地球上大约还有1370亿吨石油藏量，按照现有的生产水平，全世界每年开采30亿吨石油，这样，地球上的石油还可供人类开采40～50年。煤炭储存将开采230年。200年后，石油和煤将会被开采完。

随着开采的进步，石油和煤的储量将有所上升。根据现在的消费水平来看，石油和煤可供人类使用年限将在200～250年间波动。但现今的能源使用趋势走向节能高效性，那么使用的年限将会增长，人类也会找到可以代替煤和石油的能源。

我国石油还能用多少年

根据全国油气资源评价工作会议的信息，我国石油最终可采量仅为130亿吨至160亿吨。伊朗一个油田的储存量就有250亿吨，而我们所有的储量充其量只相当于他们一个中等油田。目前中国每年消耗的原油量为2.6亿吨左右，可想而知，不久的将来我们会面临一个多么严峻的现实。

2005年12月1～2日，国土资源部、财政部、国家发改委、社科院等有关单位在京联合召开"新一轮全国油气资源评价工作会议"。

会上有关专家利用各种系数粗略地估算出，中国石油最终可采资源量仅为130亿～160亿吨，天然气最终可采资源量更少，仅为10万亿～15万亿立方米。而目前，中国使用的数据为石油资源量1069亿吨，天然气资源量53万亿立方米。"由此就不难估算出中国油气资源存储的盘子有多大。"

10年来我国石油进口幅度不断攀升，国家发改委宏观研究院能源所一份资料显示：在过去10年间，由于经济迅速发展，中国的石油消费量年均增长

6.66%；而受国内资源及开采条件的约束，同期中国石油的产量年均增速仅为1.75%。

与之相关的是，2002年，中国石油的产量（含原油和成品油）为1.689亿吨；而石油消费量达2.457亿吨。两者的差距，必须由石油进口来弥补，2002年净进口需求7680万吨。石油消费与石油生产关系的消长，使得中国逐渐变成为一个石油净进口国。

国家商务部一位专家分析，"从1993年开始，中国已成为石油净进口国，而且每年原油的进口量都呈大幅上升趋势，中国对外部石油供应的依附度越来越高，2011年纯进口量已近1.07亿吨，占国内需求量的1/3。"

2020年为2亿吨左右。对国外石油资源的依赖程度已上升到2011年的55.2%，至2020年达到50%左右。

除了依赖国际油气市场，我们今后该怎么办？这是一个似乎已经古老却又令人无法释怀的疑问。与此同时，除了美国、欧盟外，中国还面临着日本、印度、韩国等亚洲国家在世界石油市场的竞争。

在某些情况下，受世界政治、经济、军事形势的影响及少数大国的操控，完全可能出现中国石油远不能满足国内需求的严重局面。加上我们进口采购方法有限，采购手段初级、单一，很容易受制于人。

除了依靠不断增大进口幅度，我们必须从自身做起厉行节约、必须合理开发。基于这样的考虑，这次会议工作的目标是，建立国家油气资源评价体系，掌握油气资源状况，预测油气资源发展趋势，为国家制定重大战略和经济发展规划提供科学依据。用估算来反映国家的油气资源底数，虽不利于客观地反映我国油气资源潜力，但对政府的宏观决策有重要影响。

从替代能源的角度出发，目前，天然气在中国一次能源中的比例不到2%，如果能提高到5%，就会大大缓解市场对石油需求的压力。

"国家要制定政策，在加大天然气勘探开发力度的同时，确定与国际接轨的有竞争力的供气价格，加速城市管网和基础设施的建设，促进天然气工业的快速发展。"王涛建议。

对外国石油供应依赖程度越高，中国原油市场受国际市场影响的程度也将越深。这也是不容置疑的事实。近两年国际原油市场跌宕起伏，1998年初油价曾跌至每桶不足 10 美元，2000 年又超过每桶 30 美元。

由于没有石油储备，中国既不能在低价时大量买进，也不能在高价时减少采购，由此造成了成本增加和机会损失。国际上的石油进口大国都制定了应急战略石油储备目标，一般为 90 天的进口量。目前中国没有战略储备性库存，生产性周转库存也极有限，石油系统内部原油的综合储备天数仅为 21.6 天。

故此，国务院发展研究中心市场经济研究所副所长陈淮认为，按照 2010 年中国国民经济对石油的年需求量为 2.7 亿~3 亿吨、所需进口量为 1 亿~1.3 亿吨计算，石油储备量大约为 1100 万~2100 万吨；若按 90 天计算，则安全储备量需达 2500 万~3200 万吨。

陈淮认为，中国石油储备应分为战略储备、商业储备和期货储备三大类。战略储备用于应付由政治和军事突发事件引起的石油中断危机，除非为了消除重大影响，一般不用于平抑物价。商业储备为企业维系正常生产所必须的储备和义务储备。

在陈淮看来，由于企业能否按时开工不仅关系到企业利益，更重要的是关系到能否向国家提供稳定的油品供应，因此商业储备中必须有一定量强制性的义务储备。比如，一个月原油加工量 500 万吨的炼油厂，其义务储备可定为 30 万吨。石油储备的第三种方式是期货储备，即在国际石油期货市场上拥有一定量（如 5000 万吨）的石油持仓，这一方面可以为中国石油进口"套期保值"，一方面可以使国家保有一份"流动的"石油储备。

据了解，国务院发展研究中心不久前已经向国务院呈交了能源报告建议，希望早日开辟国内石油期货市场，力争在石油价格上有更多的发言权，建立有利于进入国际市场的法规体系和监管体系，确保中国的石油安全。该报告也建议，在大力推行节能战略的同时，还要建立形式多样、配置合理的石油战略储备制度，以适应不同层次的安全需要；建立安全预警应对机制，建议按 5 级建立相应的预警应对方案。与此同时，加快国内油气资源的勘探开发，强化采油，发展替代燃料和技术。

海洋石油污染的危害

在开采、炼制、贮运和使用过程中，石油或者石油产品进入海洋环境而造成的污染，特别是海湾战争中造成的海洋石油污染，不但严重破坏了波斯湾的生态环境，还造成洲际规模的大气污染。

油品入海途径有：炼油厂含油废水经河流或直接注入海洋；海底油田在开采过程中的溢漏及井喷，使石油进入海洋水体；大气中的低分子石油烃沉降到海洋水域；油船漏油、排放和发生事故，使油品直接入海；海洋底层局部自然溢油。石油入海后即发生一系列复杂变化，包括扩散、溶解、乳化、微生物氧化、沉降、蒸发、光化学氧化、形成沥青球以及沿着食物链转移等过程。

海洋石油污染带来的影响和危害有：

（1）对环境的污染。海面的油膜阻碍大气与海水的物质交换，影响海面对电磁辐射的吸收、传递和反射；两极地区海域冰面上的油膜，能增加对太阳能的吸收而加速冰层的融化，使海平面上升，并影响全球气候；海面及海水中的石油烃能溶解部分卤化烃等污染物，降低界面间的物质迁移转化率；破坏海滨风景区和海滨浴场。

（2）对生物的危害。油膜使透入海水的太阳辐射减弱，从而影响海洋植物的光合作用；污染海兽的皮毛和海鸟的羽毛，溶解其中的油脂，使它们丧失保温、游泳或飞行的能力；干扰生物的摄食、繁殖、生长、行为和生物的趋化性等能力；使受污染海域个别生物种的丰度和分布发生变化，从而改变生物群落的种类组成；高浓度石油会降低微型藻类的固氮能力，阻碍其生长甚至导致其死亡；沉降于潮间带和浅海海底的石油，使一些动物幼虫、海藻孢子失去适宜的固着基质或降低固着能力；石油能渗入较高级的大米草和红树等植物体内，改变细胞的渗透性，甚至使其死亡；毒害海洋生物。

（3）对水产业的影响。油污会改变某些鱼类的洄游路线；沾污渔网、养殖器材和渔获物；受污染的鱼、贝等海产品难以销售或不能食用。

波斯湾

波斯湾位于阿拉伯半岛和伊朗高原之间。西北起阿拉伯河河口，东南至霍尔木兹海峡，长约 990 千米，宽 56～338 千米。面积 24 万平方千米。水深：伊朗一侧大部深于 80 米，阿拉伯半岛一侧一般浅于 35 米，湾口处最深达 110 米。沿岸国家有：伊朗、伊拉克、科威特、沙特阿拉伯、巴林、卡塔尔、阿拉伯联合酋长国和阿曼。海湾地区为世界最大石油产地和供应地，已探明石油储量占全世界总储量的一半以上，年产量占全世界总产量的 1/3。所产石油，经霍尔木兹海峡运往世界各地。素有"石油宝库"、"世界油阀"之称。湾内有众多岛屿，大都为珊瑚岛。湾底与沿岸为世界上石油蕴藏最多的地区之一。

海湾战争引发的石油灾难

1991 年，美国为首的多国部队对伊拉克入侵科威特的战争进行干预的"海湾战争"，共计打了 43 天。这场战争时间不算长，死亡人数不超过 3 万，但这场战争所引发的环境灾难、环境污染及所造成的损失和生态破坏，远远超过了直接的经济损失和人员伤亡。

战争开始后不久，伊拉克将科威特输油泵打开，大量石油倾入海湾，企图以此阻挡多国部队的登陆和海面进攻，共泄漏原油 14.3 亿升至 22.5 亿升，在海湾形成了一片长达 56 千米，宽 13 千米的油膜。当时海面漂流的原油顺沙特东部海岸不断扩展，污染大片海滩，造成海湾水面和沙岸空前大污染。

浮油层很厚，海水几乎掀不起浪，流动起来发出汩汩声，看上去像是泥浆。空气中的石油味很浓。许多海鸟的身上沾满了石油。由于石油泄漏，有近200万只海鸟丧生，大批的鲸和海豚死亡。濒危的海龟、蟹、虾的栖息和繁殖地被破坏，金枪鱼、啮龟、沙丁鱼和凤尾鱼被毒死，当地的渔民难以维持生计。大量的石油不仅使海底一切生命窒息，在海面妨碍光合作用和浮游生物的生长。

由于受到大量石油的污染，海水淡化无法进行，靠海水淡化生活的科威特、沙特、巴林、伊朗等国家人民由于饮水受到污染而染上疾病。

天然气

YINGGAI BAOHU DIQIU DE SHENGTAI ZIYUAN

天然气是蕴藏于地层中的烃类和非烃类气体的混合物，主要成分烷烃，其中甲烷占绝大多数，另有少量的乙烷、丙烷和丁烷，此外一般有硫化氢、二氧化碳、氮和水气及微量的惰性气体，如氦和氩等。在标准状况下，甲烷至丁烷以气体状态存在，戊烷以上为液体。

天然气主要存在于油田气、气田气、煤层气、泥火山气和生物生成气中，也有少量出于煤层。天然气又可分为伴生气和非伴生气两种。伴随原油共生，与原油同时被采出的油田气叫伴生气；非伴生气包括纯气田天然气和凝析气田天然气两种，在地层中都以气态存在。凝析气田天然气从地层流出井口后，随着压力和温度的下降，分离为气液两相，气相是凝析气田天然气，液相是凝析液，叫凝析油。

与煤炭、石油等能源相比，天然气在燃烧过程中产生的能影响人类呼吸系统健康的物质极少，产生的二氧化碳仅为煤的40%左右，产生的二氧化硫也很少。天然气燃烧后无废渣、废水产生，具有使用安全、热值高、洁净等优势。

世界最大海、陆气田

根据统计，目前世界上有天然气田26 000个，探明储量142万亿立方米，最大的气田是俄罗斯的乌连戈伊气田，储量为8.1万亿立方米。第二号大气田是亚姆堡，储量4.76万亿立方米，它们都分布在西西伯利亚盆地。该盆地储量超过1万亿立方米的超巨型气田有8个，其中包括世界上排前四位的四个储量最大的气田，西西伯利亚盆地是世界上天然气富集程度最高的盆地。

世界陆上最大的气田——俄罗斯西西伯利亚盆地的乌连戈伊气田，位于西西伯利亚平原西北部的普尔河岸，地处高纬度，近北极圈，又有"极地气田"之称。探明储量 8.1 万亿立方米，约占世界总储量的 6%，有 15 个砂岩气层，产层总厚 176 米，平均孔隙度 20%。储气构造为平缓对称的背斜圈闭，宽 20～30 千米，长 180 千米，圈团面积超过 5000 平方千米。产气层为白垩系砂岩和粉砂岩。气藏埋深 1100～3100 米。发现于 1966 年，1975 年开发，1978 年投产。原始可采储量为 5.38 万亿立方米。1983 年采气量已超过 2000 亿立方米，年产量居世界气田之首。1992 年达到顶峰，近 4200 亿立方米。截止 1992 年底，累计产气 3.5 万亿立方米。所产天然气主要供应独联体欧洲地区消费，还向捷克斯洛伐克、匈牙利、波兰、德国、法国和意大利等国大量出口。

世界海底最大的气田——卡塔尔北穹隆气田，位于波斯湾海域，探明储量 27 500 亿立方米。

2010 年 5 月，卡塔尔石油集团与荷兰皇家壳牌石油公司和我国石油天然气集团公司（中石油）在多哈签署卡塔尔北部 D 区块天然气田的勘探及产品分成协议。

根据签字仪式上发布的新闻公报，这份协议长达 30 年，其中首期 5 年为勘探期。D 区块天然气田位于卡塔尔北部的拉斯拉凡工业城附近，面积为 8089 平方千米。

卡塔尔副首相兼能源和工业大臣阿提亚、壳牌石油公司首席执行官博塞尔和我国石油天然气勘探开发公司总会计师赵东代表三方在协议上签字。

阿提亚说，这份协议是卡塔尔实施增加油气资源开采战略，以提振国家经济的一部分。

中国天然气储量和生产

2009 年的油气资源评价表明，全国天然气资源量为 47 万亿立方米，可探明的资源量为 22 万亿立方米（按可探明率 46.8% 计）。经评估，天然气可采资源量为 14 万亿立方米（按可采率 63.6% 计）。截至 2007 年，我国天然气探明储量已达 4.7 万亿立方米，探明可采储量 3.1 万亿立方米，显示出我国天然气雄厚的资源潜力和良好的发展前景。

根据预测，从现在到 2020 年我国可新增天然气可采储量 3 万亿立方米以上，到 2020 年，我国累计天然气探明可采储量可达 6 万亿立方米以上。天然气年产量将从目前的 700 亿立方米增加到 1200 亿~1500 亿立方米。

2007 年中国天然气产量达到 694 亿立方米，占全国一次性能源的 3.9%，为中国天然气产业大发展奠定了良好的基础。

中国天然气消费量近年来呈快速增长态势，2008 年天然气消费量达到 720 亿立方米。天然气消费结构也在不断优化，城市燃气和发电用气明显增加，工业燃料和化工原料用气逐步减少。中国 2008 年天然气消费量达到 720 亿立方米，2000 年这一数字为 245 亿立方米。随着天然气基础设施进一步完善，中国天然气消费量呈快速增长态势。

此外，在国家天然气利用政策的引导下，消费结构也在不断优化。2000 年以前，受输送管道的限制，中国天然气消费市场局限于油气田周边地区，天然气利用以工业燃料和化工为主。2000 年全国天然气消费总量中，工业燃料和化工用气占 78.3%，城市燃气占 17.6%，燃气发电占

燃气灶火焰设计图

4.1%。随着西气东输、陕京二线、忠武线、涩宁兰等长输管线的建成投产，用气区域迅速向经济发达的沿海市场转移，消费结构也随之发生变化，城市燃气和发电用气明显增加，工业燃料和化工原料用气逐步减少。

天然气王国俄罗斯

天然气工业是俄罗斯的重要工业，俄罗斯是世界上天然气资源最丰富、产量最多、消费量最大的国家，也是世界上天然气管道最长、出口量最多的国家，有"天然气王国"之誉。

世界海洋天然气储量最丰富的国家、世界天然气产量最高的国家——苏联。1996 年产气 5.05 亿吨石油当量，占世界当年天然气产量 20.087 亿吨石油当量的 25.1%，居世界第一位。

其他主要是：中东的伊朗有 26.69 万亿立方米、卡塔尔 25.77 万亿立方米，分别占 15.2% 和 14.7%。这三个国家的天然气储量占了世界总储量的 56.6%。

天然气储量处于第二梯队的是沙特（6.68 万亿立方米）、阿联酋（6.06 万亿立方米）、美国（5.23 万亿立方米）、尼日利亚（5 万亿立方米）、阿尔及利亚（4.52 万亿立方米）和委内瑞拉（4.15 万亿立方米）。

上述 9 国的总储量占了世界天然气储量的约 75%。

天然气水合物

一小疙瘩刚从海底捞上来的固体，上面星星点点地散布着白色晶体，像夏日冰棍一般正嘶嘶地冒着气体，捧在手中能感触到爆米花似的微微震动。直接把白色冰晶拿在手中点燃，立即腾起一团幽蓝的火苗。

这冰块状的固体就是俗称的"可燃冰"。因为外观像冰，被形象地称为"可燃烧的冰"，学名天然气水合物。一旦温度升高，或压力降低，它迅速气化分解成天然气和水。

根据估算，全世界石油总储量在 1370 亿吨左右，按照目前的消耗速度，再过 40 ~ 50 年，全球的石油资源将消耗殆尽。在传统能源如煤炭、石油、天然气等总储量有限的情况下，人们对寻找未来的新型能源有着越来越迫切的渴望。自上个世纪 80 年代中期大量天然气水合物矿藏点被发现以来，这种"可燃烧的冰块"正以独特的优势进入科学家的视野，成为 21 世纪最理想、最具商业的开发价值的新能源。

　　1968 年的时候，在苏联麦索雅哈气田首次发现存在天然的天然气水合物，到目前为止，已在全球 116 个地区发现了天然气水合物气藏。根据国际科技界公认的估算，世界上天然气水合物所含天然气的总资源两为 2.1 亿亿立方米，其碳含量是地球已知化石燃料中碳总量的两倍。也就是说全球天然气水合物所具有的热当量相当于目前地球上所有已查明的煤炭、石油和天然气总和的两倍，如果能全部开采出来的话，将足够人类使用 1000 年。

　　可燃冰的储藏量是个惊人的数据，美国东部大陆边缘的布莱克海台一块 30 海里×100 海里的区域，其天然气水合物蕴藏的天然气资源就相当于 180 亿吨石油当量，按照目前年消耗量足够美国使用 100 年，而在加拿大西海岸某地，其储量是美国布莱克海台的 10 倍。

　　日本作为一个能源短缺的国家，渴求更为迫切，投入的资金更多，基本已完成周边海域的勘探，仅静冈县御前崎近海探明的储量就达 7.4 万亿立方米，可满足日本未来 140 年的需求。虽然目前太阳能、风力和核能等新型能源有了很大的发展，但都比不上天然气水合物这种大宗的能够解决根本问题的能源，它是继石油、天然气之后最佳的替代能源。

　　一旦美、日等国家能够实现能源自给，现在的世界能源和地缘政治格局将被彻底打破。在某种意义上来说，谁掌握了天然气水合物的开采技术，水就可以主导 21 世纪的能源战局，所以美日等国和一些国际机构将他们掌握的领先技术列为机密拒绝共享。在中美第二次战略经济对话签署的能源合作协议中，中美两国在能源和环境领域达成包括煤炭和核电合作的多项共识，唯独把天然气水合物方面的研究合作排除在外。

　　1 立方米天然气水合物可转化为 164 立方米的天然气和 0.8 立方米的水。科学家估计，海底天然气水合物分布的范围约 4000 万平方千米，占海洋总面积的 10%，海底天然气水合物的储量够人类使用 1000 年。

　　随着研究和勘测调查的深入，世界海洋中发现的天然气水合物逐渐增加，1993 年海底发现 57 处，2001 年增加到 88 处。天然气水合物的发现，让陷入能源危机的人类看到新希望。

知识点

北极圈

北极圈是指纬度数值为北纬66°33′的一个假想圈，是北寒带与北温带的分界线，与黄赤交角（南北回归线所在的纬度数值）互余。北极圈以北的地区被称为"北极圈内"。通常，北极圈内的地区被叫做北极地区，由北冰洋以及周边陆地组成，其陆地部分包括了格陵兰、北欧三国、俄罗斯北部、美国阿拉斯加北部以及加拿大北部。北极圈内岛屿很多，最大的是格陵兰岛。由于严寒，北极圈以内的生物种类很少。植物以地衣、苔藓为主，动物有北极熊、海豹、鲸等。北极圈也是极昼和极夜现象开始出现的界线，北极圈以北的地区在夏天会出现极昼，而在冬天会出现极夜。

延伸阅读

可燃冰开发是把双刃剑

人类要开采埋藏于深海的天然气水合物，尚面临着许多新问题。天然气水合物作为一种新能源虽具有开发应用前景，但甲烷是一种高效的温室效应气体，天然气水合物的开采如果方法不当，释放出的甲烷扩散到大气中，会增强地球的温室效应，导致地球上永久冻土和两极冰山融化而使地球变暖。

有学者认为，在导致全球气候变暖方面，甲烷所起的作用比二氧化碳要大10~20倍。而天然气水合物矿藏哪怕受到最小的破坏，都足以导致甲烷气体的大量泄漏。另外，陆缘海边的天然气水合物开采起来十分困难，一旦出了井喷事故，就会造成海啸、海底滑坡、海水毒化等灾害。

目前已有证据显示，过去这类气体的大规模自然释放，在某种程度上导致了地球气候急剧变化。8000年前在北欧造成浩劫的大海啸，也极有可能是因为这种气体大量释放所致。安全合理地开发天然气水合物，必须同时考虑环境保护。

由此可见，天然气水合物在作为未来新能源的同时，也是一种危险的能源。天然气水合物的开发利用就像一柄"双刃剑"，需要小心对待。

金属矿产

金属是一种具有光泽（即对可见光强烈反射）、富有延展性、容易导电、导热等性质的物质。金属的上述特质都与金属晶体内含有自由电子有关。在自然界中，绝大多数金属以化合态存在，少数金属例如金、铂、银、铋以游离态存在。金属矿物多数是氧化物及硫化物。其他存在形式有氯化物、硫酸盐、碳酸盐及硅酸盐。金属之间的连接是金属键，因此随意更换位置都可再重新建立连接，这也是金属伸展性良好的原因。金属矿产是通过采矿、选矿和冶炼等工序，从中可提取一种或多种金属单质或化合物的矿产。

金属矿产的分类

根据金属元素的性质和用途将其分为黑色金属矿产，如铁矿和锰矿；有色金属矿产，如铜矿和锌矿；轻金属矿产，如铝镁矿；贵金属矿产，如金矿和银矿；放射性金属矿产，如铀矿和钍矿；稀有金属矿产，如锂矿和铍矿；稀土金属矿产；分散金属矿产等。

金属按颜色一般可分为黑色金属与有色金属两大类，黑色金属包括铁、锰和铬及它们的合金，主要是铁碳合金（钢铁），有色金属是指除去铁、铬、锰之外的所有金属。

有色金属基本上按其密度，价格，在地壳中的储量及出现情况，被人们发现和使用的早晚等分为五大类：

（1）轻有色金属：通常指密度在 4.5g/c 立方米以下的有色金属，包括铝、镁、钠、钾、钙、锶、钡。这类金属的共同特点是：密度小（0.53 ~ 4.5g/c 立方米），化学性质活泼，与氧、硫、碳和卤素的化合物都相当稳定。

（2）重有色金属：通常指密度在 4.5g/c 立方米以上的有色金属，共中有铜、镍、铅、锌、钴、锡、锑、汞、镉、铋等。

（3）贵金属：这类金属主要包括金、银和铂族元素（铂、铱、俄、钌、钯、铑），由于它们对氧和其他试剂的稳定性，而且在地壳中蕴涵量少，开发利用和提取比较困难，故价格比通常金属贵，因而得名贵金属。它们的特点是密度大（10.4~22.48g/c 立方米）；熔点高（1189~3273K）；化学性质稳定。

（4）准金属：通常指硅、铭、硒、砷、硼，其物理化学性质介于金属与非金属之间，如活脆非晶物，是电和热的不良导体。

（5）稀有金属：一般是指在自然界中蕴涵量很少，分布稀疏，发现较晚，难以从原材料中提取的或在工业上制备及应用较晚的金属。这类金属包括：锂、铷、铯、铍、钨、钼、钽、铌、钛、铪、钒、铼、镓、铟、铊、锗、稀土元素及人造超铀元素等。要注意，普通金属和稀有金属之间没有明显的界限，大部分稀有金属在地壳中并不稀少，许多稀有金属比铜、镉、银、汞等普通金属还多。

我国金属的矿藏储量极为丰富，如铀、钨、钼、锡、锑、汞、铅、铁、金、银、菱镁矿和稀土等矿的储量居世界前列；铜、铝、锰矿的储量也在世界占有地位。

随着人类对自然资源的索取日益增多和科学技术的飞速发展，人们越来越重视海洋资源。海洋面积约 3.6 亿平方千米，占地球总表面积 70% 以上。除海底有丰富矿藏外，海水中含有 80 多种元素，当中多为金属元素：主要呈盐类形式存在，当中除含大量的钠、钾、钙、镁外，还含有各种稀有贵重金属如铷、锶、铀、锂、钡等。海水中金属浓度虽低，但因海水量巨大，所以金属总数量非常可观，如海水中铀的总数量达 40 亿吨以上，相当于陆地铀储量的 4000 倍。

海水中约含有 500 万吨黄金，8000 万吨镍，1.6 亿吨银，所以说海洋是贮存金属的"聚宝盆"，向海洋索取金属资源是我们的一项任务。在这方面湿法冶金是大有作为的。

黄金和白银的储量和开采

黄金在地壳中的自然储量约为9万吨，可开采储量约4.2万吨。

2004年，世界黄金的开采量为2430吨，其中，南非341吨，澳大利亚259吨，美国258吨，我国215吨，贝鲁173吨。

银在地壳中的自然储量超过57万吨，可开采储量超过27万吨。

2004年，世界银开采量为1.97万吨，其中，贝鲁3060吨，墨西哥2700吨，我国2450吨，澳大利亚2240吨，智利1360吨。

黄金和白银，"天然不是货币，但货币天然是金银"这句话，一语道破了金银的真谛。

然而，金银的用途，并非仅限于做货币。它们那良好的导电、导热、延展等特性，不仅可用于电气、宇航，还可以加工成各种各样的首饰。地球上的金银矿并不太多。因而，它们的"身价"一直都很昂贵。拿黄金来说，在地壳中金的含量只不过占十亿分之五，分布又极为分散。一立方米的矿砂中，只要含金量达到零点几克，就算是有开采价值的矿了。

在世界上，黄金有没有分布很集中的地区呢？回答是肯定的。南非（阿扎尼亚）的黄金储藏就很丰富，而且产量居世界第一。19世纪以来，它就是世界上最大的产金中心。目前，国外有开采价值的金不过3.23吨，南非独此一地；储量即占世界50%~60%，是世界上最大的储金国。

南非的金矿，主要分布于一个称之为"金弧"地带。这个地带在奥兰治河的支流瓦尔河流域，大体呈半圆形。延伸500千米。南非的大型金矿约40处，其中以克鲁格斯多普矿区的乌尔尼夫斯金矿最大，年产黄金66吨（1976年），为世界最大金矿。南非的兰德金厂，是世界最大的炼金厂（在约翰内斯堡市郊哲米矫顿镇的一个大院中），南非开采的全部黄金，都在该厂冶炼，加工能力为750吨。经过本厂冶炼的黄金，被浇铸成一个个重400盎司的金锭，纯度在99.5%以上；为了防止黄金被"盗"，厂房四周全用铁丝网围起，内部重要机关，加强了严格的保护措施。即使半点含金尘埃，也很难带出厂门。南非金矿开采较早，1898年到现在，一直居于世界首位。1978年产量为706吨，占世界总产量2/5。1970年，曾达到1000吨的超高记录（全世界当年为 1622 吨）。

出产白银的大国为墨西哥，1978 年产量达 1532 吨，居世界首位。产地主要在墨西哥中部。加拿大银产量也比较大，为墨西哥的最强"对手"。

铜和铝的储量和开采

铜在地壳中的自然储量为 3.2 亿吨，可开采储量 1.6 亿吨。

2004 年，世界铜开采量为 1460 万吨，其中，智利开采 541 万吨，美国 116 万吨，贝鲁 104 万吨，澳大利亚 85.4 万吨，印度尼西亚 84 万吨。

智利向来被称做"铜的天国"，蕴藏着世界最丰富的铜矿，铜储量（指铜金属）高达 1.4 亿吨，占世界总储量的 1/4 强。多年来，一直是世界上第一大铜出口国。1982 年，智利铜产量创历史最高纪录，达 123.1 万吨，首次超过美国和苏联，在世界产铜国中跃居首位。它有大中小铜矿数百个，真是星罗棋布，遍地开花。

丘基卡马塔铜矿，是世界上最大的露天铜矿，年产铜 50 多万吨，它位于智利首都圣地亚哥以北 1700 多千米。

丘基卡马塔矿是由美国出资兴建，于 1915 年 5 月 18 日投产的。1971 年收归国有，现有职工 1.1 万名。

在雄伟的矿区，载重 255 吨、170 吨和 100 吨级的大卡车像蚂蚁一样在爬行，装车用的 28 立方容积的大电铲像一只只"螳螂"，在坑底不停地工作。这个铜矿的产量直接影响到智利的国民经济，被称为"经济支柱中的支柱"。

铝矾土在地壳中的自然储量为 320 亿吨，可开采储量 250 亿吨。

2004 年，世界铝矾土开采量为 1.59 亿吨，其中，澳大利亚开采 5660 万吨，巴西 1850 万吨，几内亚 1600 万吨，中国 1500 万吨，牙买加 1330 万吨。

铝是一种从贵族到平民的金属。就在 100 多年前，铝还是一种稀有贵重金属，被尊称为"银色的金子"，比黄金还珍贵。法国皇帝拿破仑三世，为显示自己的富有和尊贵，命令官员给自己铸造了一顶比黄金更名贵的王冠——铝王冠。他戴上铝王冠，神气十足地接受百官的朝拜，这曾是轰动一时的新闻。拿破仑三世在举行盛大宴会时，只有他使用一套铝质餐具，而他人只能用金制、银制餐具。即使在化学界，铝也被看成最贵重的。英国皇家学会为了表彰门捷列夫对化学的杰出贡献，不惜重金制作了一只铝杯，赠送给门捷列夫。

人类的金属冶炼技术经过几千年的发展，到现在已经完全成熟，每年生产出来的金属以亿吨计，然而，我们知道，地球上的矿藏终究是有限的，怎么解决这个问题？这就是资源的回收利用以及保护。

锂和铯的储量和开采

锂在地壳中的自然储量为 1100 万吨，可开采储量 410 万吨。

2004 年，世界锂开采量为 20 200 吨，其中，智利开采 7990 吨，澳大利亚 3930 吨，中国 2630 吨，俄罗斯 2200 吨，阿根廷 1970 吨。

在自然界，质量最轻的金属是锂。每立方厘米只有 0.543 克重，扔在水里会漂浮；如果用锂做一架飞机，两个人就能抬着它走。锂有漂亮的银白色的外表，个性活泼，有很强的化学反应能力，在工业生产和日常生活中用途很广。尤其是不久之前，锂又和原子能工业结了缘。大家都听说过威力强大的氢弹。不过，氢弹里装的氢，是比普通氢重 1 倍的重氢（氘）或重 2 倍的超重氢（氚）、用锂能够生产出超重氢、氚，还能生产出氢化锂、氘化锂、氚化锂。1967 年 6 月 17 日，我国成功爆炸的第一颗氢弹，"炸药"就是氢化锂和氘化锂。据计算，1 千克氘化锂的爆炸力等于 5 万吨烈性 TNT 炸药。所以，人们把锂叫做"高能金属"。

铯在地壳中的自然储量为 11 万吨，可开采储量至少 7 万吨。

2005 年世界铯开采量几十吨，其中，75% 在加拿大开采。

熔点最低、质地最软的固体金属是铯，它在 28.5℃ 的环境下就开始了熔化。如果把铯放在手里，它很快就会化成液体，比巧克力还要快。它比石蜡还软，能够随意切成各种形状。铯的光电效应能力特别好，能使光信号变成了电信号，是生产光电管的主要感光材料，电影、电视、无线电传真都离不开铯。所以，铯获得"光敏金属"、"带眼睛金属"等称号。

钨和铬的储量和开采

钨在地壳中的自然储量 620 万吨，可开采储量 290 万吨。

2004 年，世界钨的开采量为 7.37 万吨，其中，我国 67 000 吨，俄罗斯 3000 吨，奥地利 1400 吨，葡萄牙 750 吨，朝鲜 600 吨。

钨是熔点最高的金属，曾被人们称为"耐高温冠军"，是名副其实的烈火金刚。它的熔点高达 3410℃，每立方厘米重达 19 克多。钨的硬度在金属中也名列前茅。令人惊奇的是，这种熔点高、硬度大的金属，却有少见的可塑性，一根 1 千克重的钨棒，能够拉成长达 300 多千米的细丝。这种细丝在 3000℃的高温环境中，仍具有一定强度，而且发光效率高，使用寿命长，是生产各种灯泡灯丝的好材料。

钨的最大用途，是生产钨钢。用钨钢打造工具，要比普通钢工具强度提高几倍、几十倍；用钨钢生产炮筒、枪筒，在连续射击时，也就是使筒身被弹丸摩擦得滚烫，仍能保持良好弹性和机械强度。

在炽热的炼钢炉里，当温度达到 1600℃的时候，坚硬的钢铁都会化成沸腾的钢水，金子也会变成流动的液体，并不断发出黄绿色的蒸气。而钨却纹丝不动，仍是固体。钨的熔点为 3410℃，沸点高达 5927℃，它的熔点和沸点，在金属中都是最高的。另外，钨的硬度也是名扬四海。工厂车床上削铁如泥的车刀，有的就是钨钢做的。

中国的钨矿，不但储量丰富，而且质量优异，是世界钨矿储量最多的国家。其中以江西省分布最广，全省大小钨矿不下数百处，最大的矿储钨量竟达几十万吨。

中国钨矿不但储量最丰富，产量也最高。很早以前，中国钨矿产量就达到世界总产量的 70% 以上。

亚铬酸盐在地壳中的自然储量超过 18 亿吨，可开采储量超过 8.1 亿吨。

2004 年，世界亚铬酸盐开采量为 1750 万吨，其中，南非开采 763 万吨，哈萨克斯坦 327 万吨，印度 295 万吨，津巴布韦 67 万吨，芬兰 58 万吨。

素有"硬骨头"美称的铬，是自然界最硬的金属。铬呈银白色，化学性质稳定，在水和空气中基本上不生锈。它的主要用途是生产合金，炼制不锈钢。不锈钢的问世，被公认为 20 世纪最大技术发明之一，具有划时代的意义。它不仅推动了医疗、仪表和国防工业的发展，而且也在食品加工、纺织印染、制烟造酒行业中大显身手，屡立战功。

其他矿物资源的储量和开采

随着世界经济的发展，资源的消耗不断增加，一度引起某些资源的供求失衡，价格上涨，资源在经济要素中的地位不断上升。

对此，不少国家采取了多种应对措施：一是提高资源的利用效率，降低消耗；二是更加重视资源的科学开发；三是通过协调销售政策争取最大经济利益；四是加强短缺资源的战略储备；五是寻找新的替代产品。

鉴于上述情况，现将其他世界主要矿物资源的储备和开采情况摘要如下，通过储量和开采量的比较，我们可以得出这些矿产开采的时间极限。

铁在地壳中的自然储量1800亿吨，可开采储量790亿吨。2004年，世界铁的开采量为13.4亿吨，其中，我国3.1亿吨，巴西2.55亿吨，澳大利亚2.31亿吨，印度1.21亿吨，俄罗斯0.97亿吨。

锡在地壳中的自然储量为1100万吨，可开采储量610万吨。2004年，世界开采锡209 755吨，其中，我国开采110 000吨，印度尼西亚66 000吨，贝鲁42 000吨，玻利维亚16 800吨，巴西12 200吨。

镁是地壳中储量名列第八的矿物，储量很大。2004年，世界金属镁开采量为58.4万吨，其中，我国42.6万吨，加拿大5.4万吨，俄罗斯5万吨，以色列2.8万吨，哈萨克斯坦1.8万吨。

硅在地壳中很普遍，是储量最丰富的矿物之一。2004年，世界硅开采量为510万吨，其中，我国生产249万吨，俄罗斯51.3万吨，挪威29.8万吨，美国27.5万吨，巴西22.5万吨。

锰在地壳上的自然储量为52亿吨，可开采储量4.3亿吨。此外，在深海海底的储量还有此数量的几倍。2004年，世界锰开采量为940万吨，其中，南非开采190.5万吨，澳大利亚和美国130万吨，加蓬110万吨，我国90万吨，乌克兰81万吨。

钼在地壳中的自然储量为1900万吨，可开采储量860万吨。2004年，世界钼开采量为14.1万吨，其中，美国开采4.15万吨，智利4.145万吨，我国2.9万吨，贝鲁0.96万吨，加拿大0.57万吨。

镍在地壳中的自然储量为1.4亿吨，可开采储量6200万吨。2004年，世

界镍开采量为 140 万吨，其中，俄罗斯开采 31.5 万吨，加拿大 18.7 万吨，澳大利亚 17.8 万吨，印度尼西亚 13.3 万吨，新卡里多尼亚 11.8 万吨。

铅在地壳中的自然储量为 1.4 亿吨，可开采储量 6700 万吨。2004 年，世界铅开采量为 315 万吨，其中，我国 95 万吨，澳大利亚 67.8 万吨，美国 44.5 万吨，贝鲁 30.6 万吨，墨西哥 13.9 万吨。

锌在地壳中的自然储量为 4.6 亿吨，可开采储量约 2.2 亿吨。2004 年，世界锌开采量为 960 万吨，其中，我国 230 万吨，澳大利亚 130 万吨，贝鲁 120 万吨，加拿大 79 万吨，美国 73.9 万吨。

水银在地壳中的自然储量为 24 万吨，可开采储量 12 万吨。2004 年，世界水银开采量为 1890 吨，其中，我国 1140 吨，吉尔吉斯 300 吨，西班牙 250 吨，阿尔及利亚 73 吨，俄罗斯 20 吨。

稀土由 14 种自然元素以及合成元素组成。自然储量超过 1.5 亿吨，可开采储量超过 0.88 亿吨。2004 年，世界稀土的开采量为 10.2 万吨，其中，我国 95 000 吨，印度 2700 吨，泰国 2200 吨，俄罗斯 2000 吨，马来西亚 250 吨。

锆在地壳中的自然储量 7200 万吨，可开采储量 3800 万吨。2004 年，世界锆的开采量为 85 万吨，其中，澳大利亚 44.1 万吨，南非 30 万吨，乌克兰 3.5 万吨，巴西 2.6 万吨，印度 2 万吨。

稀　土

稀土元素是从 18 世纪末叶开始陆续发现，当时人们常把不溶于水的固体氧化物称为土。稀土一般是以氧化物状态分离出来的，又很稀少，因而得名为稀土。通常把镧、铈、镨、钕、钷、钐、铕称为轻稀土或铈组稀土；把钆、铽、镝、钬、铒、铥、镱、镥钇称为重稀土或钇组稀土。

稀土是中国最丰富的战略资源，它是很多高精尖产业所必不可少原料，中国有不少战略资源如铁矿等贫乏，但稀土资源却非常丰富。稀土是一组同时具有电、磁、光以及生物等多种特性的新型功能材料，是信息技术、生物技术、能源技术等高技术领域和国防建设的重要基础材料，同时也对改造某些传统产业，如农业、化工、建材等起着重要作用。有"工业维生素"的美称。

目前中国出口的稀土数量居全球之首，日本是稀土的主要使用国，美国几乎都需从中国进口（某些程度上是战略的储备）。

延伸阅读

"黄金之国"南非

南非共和国位于非洲大陆最南端，东、西、南三面濒临印度洋和大西洋。南非地处两大洋间的航运要冲，其西南端的好望角航线历来是世界上最繁忙的海上通道之一。南非是世界上最大的黄金生产国和出口国，黄金出口额占全部对外出口额的1/3，因此又被誉为"黄金之国"。

南非国土面积约122万平方千米，总人口4910万（2010年），主要由黑人、白人、有色人和亚裔四大种族构成，通用语言为英语和阿非利卡语（南非荷兰语），居民主要信奉基督教新教、天主教、伊斯兰教和原始宗教。南非是世界上唯一同时存在3个首都的国家：行政首都比勒陀利亚、立法首都开普敦和司法首都布隆方丹。

南非矿产资源丰富，是世界五大矿产国之一。黄金、铂族金属、锰、钒、铬、钛和铝硅酸盐的储量均居世界第一位，蛭石、锆居世界第二位，氟石、磷酸盐居世界第三位，锑、铀居世界第四位，煤、钻石、铅居世界第五位。

非金属矿产

非金属矿产是一切不具备金属特性可利用其特有的物理性质、化学性质和工艺特性来为人类的经济活动使用的矿物资源。它广泛应用于石油、化工、冶金、建筑、机械、农业、环保、医药等行业，并越来越多地被用于国防、航天、光纤通信等高科技领域。它在国民经济中所占的比重越来越大，产值的增长速度已超过了金属矿产，其开发利用水平已成为衡量一个国家科学技术发展水平和人民生活水平的重要标志之一。

非金属矿产的成因

非金属矿产的成因多种多样，但以岩浆型、变质型、沉积型和风化型最为重要，另外海底喷流作用也很重要，如硫铁矿主要属于这一成因。

（1）岩浆作用：岩浆上侵形成侵入岩体或喷出地表后形成的火山熔岩、火山灰等，均可以形成非金属矿产资源。侵入岩体如灰长岩、花岗岩等均可做优质的建筑材料，我国著名的"将军口"花岗岩地板和产于印度的"印度红"花岗石均为钾长花岗岩；喷出地表形成的浮岩、珍珠岩都是不可缺少的工业原材料，火山灰也可以做农业用肥。还有两种特殊的岩浆岩即金伯利岩和钾镁煌斑岩，其内部含有较为丰富的金刚石。世界上大部分钻石就产于这两种岩石中。

（2）变质作用：岩石在基本上处于固体状态下，受到温度、压力及化学活动性流体的作用，发生了矿物成分、化学组成、岩石结构与构造的变化，形成非金属矿床。工业和日常生活中常用的有石墨、石棉、蓝晶石、红柱石、滑石、云母等。山东南墅石墨矿、河南、陕西的金红石、石棉矿都是国内有名的产地。

（3）沉积作用：暴露于地表的岩石、矿体，在大气、水流长期作用下，发生侵蚀、搬运、分异、沉积，最终形成非金属矿产资源，也可以通过化学沉淀作用、生物化学作用直接形成非金属矿产层。主要分成三大类：①砂矿，主要由水流、冰川、风力等作用分选形成，如金刚石、金红石、锆石、独居石等稀有矿物均可通过这种机械分异过程，富集成矿；②生物化学作用，诸如磷矿就可以由鸟类的粪便直接堆积形成，硅藻土矿是由硅藻遗体堆积而成，另外还有与火山喷发有关的硫矿产等；③化学作用形成的盐矿，人类不可缺少的食盐、工业用的石膏、硝石，农业用的钾盐，医药用的泻利盐等均为盐湖蒸发过程中化学结晶沉淀成因。

（4）风化作用：暴露在地表的岩石或矿体，经过漫长的降雨、光照、氧化、生物作用过程，而使表层物质的化学组成、矿物面貌改变，从而形成可供利用的非金属材料。日常生活及工业中不可缺少的黏土类矿物多为这一成因，如高岭土、膨润土等均为岩石风化而成，正是这一作用为人类提供了制作陶瓷、化妆品、环境治理用品、药品、油漆等物质的原材料。扩大一点看，连万物

奇石宴

赖以生存的土壤也是风化作用形成的非金属资源。

非金属矿产种类

中国已发现的非金属矿产种类95种，加上亚类共计176种。非金属矿产主要品种为：金刚石、石墨、自然硫、硫铁矿、水晶、刚玉、蓝晶石、夕线石、红柱石、硅灰石、钠硝石、滑石、石棉、蓝石棉、云母、长石、石榴子石、叶蜡石、透辉石、透闪石、蛭石、沸石、明矾石、芒硝、石膏、重晶石、毒重石、天然碱、方解石、冰洲石、菱镁矿、萤石、宝石、玉石、玛瑙、石灰岩、白垩、白云岩、石英岩、砂岩、天然石英砂、脉石英、硅藻土、页岩、

高岭土、陶瓷土、耐火黏土、凹凸棒石、海泡石、伊利石、累托石、膨润土、辉长岩、大理岩、花岗岩、盐矿、钾盐、镁盐、碘、溴、砷、硼矿、磷矿等。

非金属矿产依据工业用途可分为：①冶金辅助原料矿产资源，如耐火黏土、菱镁矿、萤石等；②化工及化肥原料非金属矿产资源，如硫、磷、钾盐、硼、天然碱等；③特种非金属矿产资源，如压电水晶、冰洲石、光学萤石等；④建筑材料及其他非金属矿产资源，如水泥原料、陶瓷原料、饰面石材、石棉、滑石、宝石、玉石等。

非金属矿产根据其用途可分为7类：机械加工工业非金属矿产，仪器仪表工业非金属矿产，电气工业非金属矿产，化学工业非金属矿产，硅酸盐工业非金属矿产，天然石材工业非金属矿产，美术工艺矿产。

中国非金属矿产分布情况

中国的非金属矿产资源丰歉不一，硫、钾盐、硼等矿产资源，虽有一定数量，但不能满足需要，而菱镁矿、芒硝、钠盐、水泥原料等矿产资源非常丰富。

中国主要非金属矿产分布情况大致如下：

硫矿的总保有储量折合硫14.93亿吨，居世界第二位。硫铁矿主要有辽宁省清原；内蒙古自治区东升庙、甲生盘、炭窑口；河南省焦作；山西省阳泉；安徽省庐江、马鞍山、铜陵；江苏省梅山；浙江省衢县；江西省城门山、武山、德兴、水平、宁都；广东省大宝山、凡口、红岩、大降坪、阳春；广西壮族自治区凤山、环江；四川省叙永、兴文、古蔺；云南省富源等矿区。自然硫主要为山东省大汶口矿床。

磷矿的总保有储量矿石152亿吨，居世界第二位，主要有云南省晋宁（昆阳）、昆明（海口）、会泽；湖北荆襄、宜昌、保康、大悟；贵州省开阳、瓮安；四川省什邡；湖南省浏阳；河北省矾山；江苏省新浦和锦屏等磷矿区（矿床）。

钾盐矿资源的总保有储量4.56亿吨。主要分布在青海省察尔汗、大浪滩、东台吉乃尔、西台吉乃尔等盐湖以及云南省勐野井钾盐矿中。

盐矿资源总保有储量4075亿吨；芒硝矿资源有100余处，总保有储量

105 亿吨，居世界首位。主要分布在青海省（察尔汗等）、新疆维吾尔自治区（七角井等）、湖北省（应城等）、江西省（樟树等）、江苏省（淮安）、山西省（运城）、内蒙古自治区（吉兰泰）等地区。

硼矿的总保有储量 4670 万吨，居世界第五位。主要有吉林省集安；辽宁省营口五〇一、宽甸、二人沟；西藏自治区扎布耶茶卡、榜于茶卡、茶拉卡等矿床。

重晶石的总保有储量矿石 3.6 亿吨，居世界首位。主要有贵州省天柱、湖南省贡溪、湖北省柳林、广西壮族自治区象州、甘肃省黑风沟、陕西省水坪等矿床。

金刚石矿资源总保有储量金刚石矿物 4179 千克；石墨矿探明矿区 91 处，总保有储量矿物 1.73 亿吨，居世界首位。主要有黑龙江省鸡西（柳毛）、勃利（佛岭）、穆棱（光义）、萝北；吉林省磐石；内蒙古自治区兴和；湖南省鲁塘；山东省南墅；陕西省银洞沟、铜峪等石墨矿床。

石膏矿总保有储量矿石 576 亿吨。主要有山东省大汶口、内蒙古自治区鄂托克旗、湖北省应城、山西省太原、宁夏回族自治区中卫、甘肃省天祝、湖南省邵东、吉林省白山、四川省峨边等矿床。

石棉矿总保有储量矿物 9061 万吨，居世界第三位。主要有四川省石棉；青海省芒崖；新疆维吾尔自治区若羌、且末等矿床。

滑石矿总保有储量矿石 2.47 亿吨，居世界第三位。主要有辽宁省海城、本溪、桓仁；山东省栖霞、平度、莱州；江西省广丰、于都；广西壮族自治区龙胜等矿床。

云母矿总保有储量云母 6.31 万吨。主要分布在新疆维吾尔自治区、内蒙古自治区和四川等省（区）。

硅灰石总保有储量矿石 1.32 亿吨，居世界首位。主要有吉林省磐石、梨树；辽宁省法库、建平；青海省大通；江西省新余；浙江省长兴等矿床。

高岭土矿总保有储量矿石 14.3 亿吨，居世界第七位。主要有广东省茂名、湛江、惠阳；河北省徐水；广西壮族自治区合浦；湖南省衡山、汨罗、醴陵；江西省贵溪、景德镇；江苏省吴县等矿床。

膨润土总保有储量矿石 24.6 亿吨，居世界首位。主要有广西壮族自治区宁明；辽宁省黑山、建平；河北省宣化、隆化；吉林省公主岭；内蒙古自治区乌拉特前旗、兴和；甘肃省金昌；新疆和布克赛尔、托克逊；浙江省余杭；山东省潍县等矿床。

硅藻土总保有储量矿石 3.85 亿吨，居世界第二位。主要有吉林省长白；云南省寻甸、腾冲；浙江省嵊州等矿床。

玻璃硅质原料总保有储量 38 亿吨。主要分布在青海、海南、河北、内蒙古、辽宁、河南、福建、广西等省（区）。

花岗石矿资源总保有储量矿石 17 亿立方米。大理石矿有 123 处，总保有储量矿石 10 亿立方米。

水泥灰岩总保有储量矿石 489 亿吨。主要分布在陕西、安徽、广西、四川、山东等省（区）。

菱镁矿总保有储量矿石 30 亿吨，居世界第一位。主要分布在辽宁省海城、山东省掖县、西藏自治区巴下等地。

萤石矿总保有储量 1.08 亿吨，居世界第三位。主要有浙江省武义、遂昌、龙泉；福建省建阳、将乐、邵武；安徽省郎溪、旌德；河南省信阳；内蒙古自治区四子王旗、额济纳旗；甘肃省高台、永昌等地。

耐火黏土总保有储量石 21 亿吨。主要分布在山西、河北、山东、河南、四川、黑龙江、内蒙古等省（区）。

膨润土

膨润土，亦称蒙脱石，是一种黏土岩，一般为白色、淡黄色；具蜡状、土状或油脂光泽；有的松散如土，也有的致密坚硬。主要化学成分是二氧化硅、三氧化二铝和水，还含有铁、镁、钙、钠、钾等元素。

膨润土有吸附性和阳离子交换性能，可用于除去食油的毒素、汽油和煤油的净化、废水处理；由于有很好的吸水膨胀性能以及分散和悬浮及造浆性，因此用于钻井泥浆、阻燃（悬浮灭火）；还可在造纸工业中做填料，可优化涂料的性能如附着力、遮盖力、耐水性、耐洗刷性等；由于有很好的粘结力，可代替淀粉用于纺织工业中的纱线上浆。既节粮，又不起毛，浆后还不发出异味，真是一举双得。膨润土由于有良好的物理化学性能，广泛用于农业、轻工业及化妆品、药品等领域，有"万能土"之称。

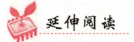 延伸阅读

金刚石和石墨

金刚石和石墨的化学成分都是碳，称"同素异形体"。从这种称呼可以知道它们具有相同的"质"，但"形"或"性"却不同，且有天壤之别。

金刚石，常称钻石，呈正四面体空间网状立体结构。金刚石是自然界已知物质中硬度最大的材料，它的熔点高。上等无瑕的金刚石晶莹剔透，折光性好，光彩夺目，是人们喜爱的饰品，也是尖端科技不可缺少的重要材料。用金刚石钻头代替普通硬质合金钻头，可大大提高钻进速度，降低成本；镶嵌钻石的牙钻是牙科医生得心应手的工具。金刚石在机械、电子、光学、传热、军事、航天航空、医学和化学领域有着广泛的应用前景。

石墨是片层状结构，层内碳原子排列成平面六边形，是最软的矿物之一。是一种灰黑色、不透明、有金属光泽的晶体。天然石墨耐高温，热膨胀系数小，导热、导电性好，摩擦系数小。石墨被大量用来做电极、坩埚、电刷、润滑剂、铅笔芯等。